高职高专规划教材

冯占红 主编　　李阳华　刘建安　副主编

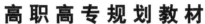

JIANZHU
ZHUANGSHI
GONGCHENG

建筑装饰工程
施工工艺与预算

SHIGONG GONGYI YU YUSUAN

化学工业出版社
·北京·

本教材是高等职业技术教育工程造价专业系列教材之一。主要介绍了建筑装饰工程的概念，装饰工程施工工艺与造价的关系，工程建设定额综述，建筑装饰工程预算定额的概念，定额编制的原则、依据、方法和步骤，定额手册的组成和应用以及单位估价表的编制，建筑装饰工程预算的编制方法，装饰工程费用计算，建筑装饰工程预算审查，建筑装饰工程结算，装饰工程主要分部分项工程的施工工艺及工程量计算方法等。同时各章还设有具体的本章提要、学习目的、本章小结和复习思考题等。本书还优选了大量计算实例，突出实训，方便师生的教与学。

　　本书可作为高职高专工程造价专业、建筑装饰专业的通用教材，也可作为从事装饰工程的预算人员、工程技术与管理人员业务学习的参考用书。

图书在版编目（CIP）数据

建筑装饰工程施工工艺与预算/冯占红主编．—北京：
化学工业出版社，2008.12（2020.3 重印）
高职高专"十一五"规划教材
ISBN 978-7-122-04025-1

Ⅰ．建…　Ⅱ．冯…　Ⅲ．①建筑装饰-工程施工-施工技术-高等学校：技术学院-教材②建筑装饰-建筑预算定额-高等学校：技术学院-教材　Ⅳ．TU767　TU723.3

中国版本图书馆 CIP 数据核字（2008）第 165731 号

责任编辑：王文峡　卓　丽　　　　　　　装帧设计：尹琳琳
责任校对：宋　玮

出版发行：化学工业出版社（北京市东城区青年湖南街 13 号　邮政编码 100011）
印　　装：北京虎彩文化传播有限公司
787mm×1092mm　1/16　印张 11¾　字数 289 千字　2020 年 3 月北京第 1 版第 5 次印刷

购书咨询：010-64518888　　　　　　　　售后服务：010-64518899
网　　址：http://www.cip.com.cn
凡购买本书，如有缺损质量问题，本社销售中心负责调换。

定　　价：35.00 元

前　　言

21世纪，随着我国全面建设小康社会的逐步深入和人民生活水平的不断提高，人们对建筑的实用功能、环保、卫生、节能以及建筑空间的文化内涵等的要求愈来愈高，建筑装饰正是以完善其建筑使用功能、美化建筑空间环境以及表现建筑文化主题而日益凸显其重要性。

经过二十多年的发展，建筑装饰业已经形成一个独立的新兴行业，而且规模和范围发展迅速，前景诱人。建筑装饰费用在工程造价中所占的比例也越来越高，普通装饰工程约占工程总造价的30%～40%，较高档次的建筑装饰工程造价超过总造价的50%以上，因此，合理、准确地确定建筑装饰工程造价，就成为从事工程造价行业人员的一项重要任务。

为培养高等应用型技术人才，提高从业人员的整体素质，以适应建筑装饰行业健康、快速发展的需要，我们特编写了本书。本教材是按照高等教育建筑类有关专业对本课程教学大纲的要求，依据2003年原建设部、财政部颁发的《建筑安装工程费用项目组成》（建标［2003］206号），以及2005年《山西省建设工程计价依据——装饰装修工程消耗量定额》、《山西省建设工程计价依据——装饰装修工程消耗量定额及其价目汇总表》、《山西省建设工程费用定额》，2005年《建筑工程建筑面积计算规范》（GB/T 50353—2005），以及部分装饰工程施工图预算编制实例等参考资料，同时，融合编者多年从事教学和实践的经验进行编写而成的。

全书共分三篇十三章。第一篇预算基础篇，主要介绍了建筑装饰工程的概念，装饰工程施工工艺与造价的关系，工程建设定额综述，建筑装饰工程预算定额的概念，定额编制的原则、依据、方法和步骤，定额手册的组成和应用以及单位估价表的编制，建筑装饰工程预算的编制方法，装饰工程费用计算，建筑装饰工程预算审查，建筑装饰工程结算。第二篇施工工艺与计量篇，详尽地介绍了组成装饰工程各主要分部分项工程的建筑构造、施工工艺，定额项目划分，工程量计算方法，工程实例编制步骤剖析等。第三篇案例篇，详细介绍了一份完整的装饰工程预算的编制实例。本书主要有以下特点。

（1）取材充实，内容安排新颖、全面。全书既注重基本理论的阐述，更注重理论联系实际，贴近工程，实用性强。为帮助读者更好地理解装饰过程与项目计量的关系，特将建筑装饰施工工艺、构造与计量、计价进行了有机的结合，突出计量与计价。

（2）简明易懂，针对性强。在编写方法上，灵活多样，文字叙述、图表显示、实例分析相结合，预算定额、构造做法与项目造价紧密结合，内容由浅入深，循序渐进，难度适宜，易于自学。

（3）实用性强。为适应高等职业技术教育的特点，充分培养学生的动手能力，本书编写了完整的装饰工程预算编制实例，并附有插图。

本书可作为高职高专工程造价专业、建筑装饰专业的通用教材，也可作为从事装饰工程的预算人员、工程技术与管理人员业务学习的参考用书。

本书由山西建筑职业技术学院冯占红任主编，山西建筑职业技术学院李阳华、刘建安任副主编。具体分工为：绪论、第七至第八章各章的第三节由冯占红编写，第一至六章、第七章前二节、第九章前二节由李阳华编写，第八章前二节、第十至第十二章各章前二节由刘建安编写，第九至第十二章各章第三节、第十三章由山西建筑职业技术学院董尧桦编写。

由于编者水平有限，书中有不妥之处在所难免，恳请读者批评指正。

编者
2008年10月

目　　录

第三篇　案　例　篇

绪　　论

【学习内容】　本章主要介绍建筑装饰工程基本知识、本课程的研究对象、任务以及学习方法。

【学习目的】　通过学习要弄清建筑装饰施工工艺与造价的关系，了解本课程的研究对象和任务，从而掌握学习方法，为学好本课程奠定基础。

一、建筑装饰工程的概念

1. 建筑装饰工程的概念

建筑装饰工程是建筑物、构筑物的重要组成部分，是使用装饰材料对建筑物、构筑物的外表和内部进行美化装饰处理的建筑工程活动。一项好的建筑装饰工程，不仅给人们创造了一个舒适实用的室内环境，还是一件融会着美学的艺术作品，为满足艺术造型与装饰效果的要求，还要涉及结构构造、环境渲染、材料选用、工艺美术、声像效果和施工工艺等诸多问题。

近年来随着我国综合国力和人民生活水平的不断提高，我国的建筑装饰市场发展迅速，新的装饰材料和施工工艺不断涌现，使得建筑装饰工程呈现出装饰材料品种繁多，装饰工程工艺性强、变化大、涉及领域广、新施工方法和新材料使用率高、材料价格差异大的特点。

2. 建筑装饰工程的作用

（1）装饰性作用　建筑装饰工程可通过材料的质感、色彩、线条和不同的装饰处理方法，在做到满足建筑基本功能的前提下，起到美化建筑物外部或内部环境，改善居住、工作和生活环境等作用。

（2）保证建筑物的使用功能　建筑装饰工程可以根据需要，为人们生活和工作的房间提供隔声、保温、防水、防潮等功能。

（3）改善空间环境　建筑物除了应有的强度、刚度和耐久性要求外，还必须满足其他特殊要求，如光学要求、声学要求、透气性要求等，这同样需要通过不同装饰材料的性能来满足。

（4）保护建筑主体结构　建筑装饰工程可通过使用装饰材料对建筑物的外表和内部进行美化装饰处理，使建筑主体免受风吹、日晒、冰霜雨雪侵袭以及腐蚀气体和有害气体破坏等，从而保护建筑主体结构，延长使用寿命。

3. 建筑装饰工程的内容

建筑装饰工程从广义上大致分为室内外装饰、照明灯饰、空调工程、音响工程、艺术雕塑、卫生洁具与厨房用具、特种高级家具、特种电子工程、庭院美化等内容。

从狭义上讲，建筑装饰工程主要指建筑物室内外装饰装修，本课程主要讲授此内容。

二、建筑装饰工程施工

1. 建筑装饰工程施工工艺

现代化的建筑装饰工程施工是一项十分复杂的生产活动，是建筑工程中重要的分部工程，其内容包括抹灰工程、门窗工程、天棚工程、轻质隔墙工程、饰面板（砖）工程、幕墙工程、涂饰工程、裱糊与软包工程、细部工程和楼地面工程等。建筑装饰工程施工工艺就是指装饰材料、施工工序、构造做法的综合。

2. 建筑装饰工程施工工艺与建筑装饰工程造价的关系

建筑装饰工程施工工艺与建筑装饰工程造价有密切的联系。首先，建筑装饰工程施工工艺是编制建筑装饰工程消耗量定额的依据。建筑装饰工程消耗量定额是按照正常施工条件、多数企业具备的机械装备和劳动组织情况、常用的施工方法和施工工艺以及合理工期进行编制的。随着新材料、新工艺的出现，建筑装饰工程消耗量定额需要及时进行补充和修订。其次，建筑装饰工程施工工艺是确定建筑装饰工程造价的基础。在确定建筑装饰工程造价时，需要根据施工工艺确定定额的应用方法（如直接应用、换算应用）、预算项目等，从而准确计算工程造价。同时，建筑装饰造价对工程施工也有反作用，一般来说，建筑装饰造价越高，相应的装饰等级越高，施工工艺越复杂。

因此，掌握基本的建筑装饰工程施工工艺，了解新的材料和施工工艺，有利于合理、准确地确定建筑装饰工程造价。

三、本课程的研究对象和任务

建筑业是我国国民经济的重要组成部分之一，其产品是重要的社会物质资料。同所有商品一样，物质资料生产活动都必须消耗一定数量的人类活动，包括活劳动和物化劳动消耗。建筑装饰工程建设是一项重要的社会物质生产活动，即生产建筑装饰产品时，必然消耗一定数量的人工、材料和机械台班数量即建筑装饰产品的价值。本课程就是运用市场经济规律，研究建筑装饰产品生产过程中产品数量与资源消耗之间的关系，探索提高劳动生产率，减少物耗，研究建筑装饰产品合理价格，合理计价定价，有效控制工程造价的学科。通过研究，以求达到减少资源消耗，降低工程成本，提高投资效益、企业经济效益和社会经济效益的目的。

四、本课程的学习方法

本课程涉及广泛的经济理论，以及一系列的技术、组织和管理知识，而建筑装饰工程又有工艺复杂、材料品种繁多的特点。它是一门综合性的技术经济学科，经济学是这门课程的经济理论基础，建筑识图、房屋构造、装饰施工工艺学、建筑材料学、建筑企业管理学、建筑技术经济学、工程成本会计学等课程，则是学习本门课程应具备的专业基础知识。同时，随着科学技术的发展，应用计算机编制预算，已经成为工程造价计价工作中不可缺少的辅助工具，这就要求工程造价人员还得具备相应的计算机知识。因此，在学习中必须坚持理论联系实际的学习方法。除了应理解和掌握课堂讲授的基本理论、基本知识外，还应随时关注国家的基本建设方针政策，了解国内外的最新动态，如新材料、新机具、新工艺等；对实践性教学环节，如现场参观、教学录像、课程设计等，应给予足够的重视。

新的形势对工程造价人员提出了更高的要求。只有打下扎实的基本功，掌握原理，培养细致、认真的品格，才能成为一名合格的建筑装饰工程造价管理人员。

第一篇　预算基础篇

第一章 緒論

第一章 建筑装饰工程预算定额

【学习内容】 本章主要介绍定额的基本概念；建筑装饰工程预算定额的基本概念、特点、作用、编制依据及编制方法；预算定额的应用。

【学习目的】 了解定额的作用，熟悉定额构成及编制方法，能熟练应用定额。

第一节 定 额 概 述

一、定额和建筑工程定额的概念

定额是指在标准生产条件下，生产单位合格产品所需要消耗的各种物质的数量标准。定额中规定资源消耗的多少反映了定额水平。定额水平是一定时期社会生产力的综合反映，它与操作人员的技术水平、机械化程度、新材料、新工艺、新技术的发展有关，与企业的组织管理水平有关。所以定额不是一成不变的，而是随着生产力水平的变化而变化的。

建筑工程定额是指在合理的劳动组织和合理地使用材料和机械的条件下，完成单位合格产品所必须消耗的人工、材料、机械的数量标准。如按照某地区《建筑工程消耗量定额》砌 $10m^3$ 标准砖基础项目，人工综合工日消耗量为 11.73 工日；材料消耗量中标准砖消耗量为 5186 块、M5 混合砂浆需 $2.42m^3$、水消耗量为 $2.02m^3$；机械消耗量为 200L 灰浆搅拌机需 0.4 台班。它反映出了建筑产品和生产资源消耗之间的数量关系。

在确定建筑工程定额的定额水平时，要准确地、及时地反映先进的建筑技术和施工管理水平，以促进新技术的不断推广和提高，施工管理水平的不断完善，达到合理使用建设资金、实现企业最佳经济效益之目的。

二、定额的起源和我国建筑工程定额的发展

定额是企业管理的一套科学方法，是管理科学化形成的基础。定额起源于 19 世纪末的美国工程师弗·温·泰勒（1856～1915 年）创造的"泰勒制"。泰勒为了提高工人的劳动效率，创造了一整套的管理方法和考核标准来管理工人生产。通过研究，泰勒于 1911 年发表了著名的《科学管理原理》一书，并以此提出了一整套系统、标准的科学管理方法，形成了有名的"泰勒制"。由此开创了科学管理的先河，泰勒也被后人尊称为"科学管理之父"。"泰勒制"的核心是：制定科学的工时定额，实行标准的操作方法，强化和协调职能管理，实行有差别的计件工资制。

我国建筑工程定额，经历了一个从无到有，从不完善到逐步完善，从分散到集中统一领导与分级管理相结合的发展过程。

新中国成立以来，国家十分重视建筑工程定额的测定和管理。1955 年，原建工部编制颁发了《全国统一建筑工程预算定额》，1957 年又在 1955 年的基础上进行了修订，重新颁发了《全国统一建筑工程预算定额》。这以后，原国家建委将预算定额的编制和管理工作下放到各省、市、自治区，各地区先后组织编制了本地区使用的建筑工程预算定额。特别是党的十一届三中全会以后，工程建设定额管理得到了进一步发展，建立劳动定额编制机构，充

实定额管理人员，负责对定额进行修订，颁发新定额。1985 年以后，国家建设行政主管部门先后组织编制颁发了《全国统一安装工程预算定额》、《全国统一建筑装饰工程预算定额》、《全国统一市政工程预算定额》、《全国统一施工机械台班费用定额》、《全国统一建筑工程基础定额》以及《全国统一建筑工程预算工程量计算规则》等。

1992 年我国提出建立社会主义市场经济体制以后，在工程建设管理中，有人对定额的存在持反对态度。他们认为，定额是我国改革开放之前计划经济的产物，不适应社会主义市场经济的需要，特别是工程量清单实施以后。为此，有必要对定额的产生、发展、本质和地位进行进一步的探索研究，统一认识，将对提高项目投资和工程建设效益，促进我国经济实现又好又快发展有着十分重要的意义。

三、定额的特性

定额的特性取决于社会制度的性质，在社会主义制度下，其特性表现在以下几个方面。

1. 法令性

定额是由国家或其授权机关组织编制和颁发的一种法令性指标，在执行范围之内，任何单位都必须严格遵守和执行。未经原制定单位批准，不得任意改变其内容和水平。如需进行调整、修改和补充，必须经授权部门批准，必须在内容和形式上同原定额保持一致。因此，定额具有经济法规的性质。

2. 科学性与群众性

定额的制定是在当时的实际生产力水平条件下，是在实际生产中大量测定、综合、分析研究，广泛搜集资料的基础制定出来的。它是专家经过科学的方法并广泛吸收了群众的智慧编制而成的，体现专群结合的原则。因此，它不仅具有严密的科学性，而且具有广泛的群众性。当定额一旦颁发执行，就成为广大造价工作者共同遵守的规范。总之，定额的制定和执行离不开专家，也离不开群众。只有得到专家和群众的充分协助和认同，定额才能是先进合理的。

3. 稳定性和时效性

定额中所规定的各种生产资料消耗量的多少，是由一定时期的社会生产力水平所决定的。随着科学技术和管理水平的提高，社会生产力的水平也必然提高，然而社会生产力的发展有一个由量变到质变的过程。因此，在一段时期内定额表现出相对的稳定状态。但当生产力发展到一定阶段，建筑技术水平有了较大的提高，原有定额已不能适应生产需要时，定额就要重新编制或修订了。所以，定额不是固定不变的，但也绝不是朝令夕改。它具有稳定性，也具有时效性。

4. 统一性

建设工程定额的统一性，主要是由国家对经济发展的宏观调控职能决定的。国家利用定额规定全国或地区统一的生产、建设标准，指导经济的协调发展，保持区域经济平衡，实现宏观调控，保证经济和社会的稳定。因此，有国家统一定额、地区统一定额和行业统一定额。它们在各自领域发挥着重要的作用。

四、建设工程定额的分类

建设工程定额是一个综合概念，是工程建设中多种定额的总称。就一个建设项目而言，由于所处的工程建设阶段不同，使用的定额就不同。按照定额的基本生产因素、用途、主管部门及使用范围的不同，定额可按下列方式进行分类。

（1）根据生产因素分类

① 劳动定额也称人工定额；

② 材料消耗定额；

③ 机械台班使用定额。

（2）根据编制程序和用途分类

① 施工定额；

② 预算定额；

③ 概算定额；

④ 投资估算指标。

它们之间的关系如图 1-1 所示。

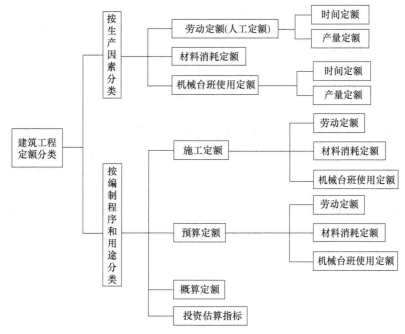

图 1-1 建筑工程定额分类

其中，劳动定额、材料消耗定额和机械台班使用定额是制定各种使用定额的基础，因此也称为基本定额。

（3）根据编制单位和执行范围分类

① 全国统一定额；

② 专业定额；

③ 地区定额；

④ 企业定额；

⑤ 补充定额。

（4）根据专业性质不同分类

① 建筑工程定额；

② 装饰装修工程定额；

③ 市政工程定额；

④ 修缮工程定额；

⑤ 安装工程定额；

⑥ 仿古园林绿化工程定额等。

五、定额的作用

定额是一切企业实行科学管理的必备条件，没有定额就没有企业的科学管理。定额的作用主要表现以下几个方面。

（1）定额是编制计划的基础　无论国家还是企业的计划，都直接或间接地以各种定额作为计算人力、物力、财力等各种资源需要量的依据，所以定额是编制计划的基础。

（2）定额是确定成本的依据　任何合格产品的生产中所消耗的劳动力、材料以及机械设备台班的数量，是构成产品成本的决定性因素，而它们的消耗量又是根据定额决定的，因此定额是核算成本的依据。

（3）定额是贯彻按劳分配原则的尺度　由于工时消耗定额具体落实到每个劳动者身上。因此，可用定额来对每个工人所完成的工作进行考核，确定他们所完成的劳动量，并以此来决定支付给他们的劳动报酬。

（4）定额是加强企业管理的重要工具　定额本身是一种法定标准。因此，要求每一个执行的人，都必须严格按照定额的要求，并在生产过程中进行监督，从而达到提高劳动生产率，降低成本的目的。同时，企业在计算和平衡资源需要量、组织材料供应、编制施工进度计划和作业计划、组织劳动力、签发任务书、考核工料消耗、实行承包责任制等一系列管理工作时，需要以定额作为计算标准。因此，它是加强企业管理的重要工具。

（5）定额是总结先进生产方法的手段　定额是在先进合理的条件下，通过对生产过程的观摩、实测、分析、研究、综合后制定的，它可以准确地反映出生产技术和劳动组织的先进合理程度。因此，可以用定额标定的方法为手段，对同一产品在同一操作条件下的不同的生产方法进行观摩、分析和研究。从而可以总结比较完善的生产方法，然后再经过试验，在生产中进行推广运用。

总之，合理的制定，认真地执行定额，对加强与改善企业管理有着重要的作用。

第二节　建筑装饰工程预算定额

一、建筑装饰工程预算定额的概念

建筑装饰工程预算定额是指在一定的施工技术与组织条件下，完成一定计量单位质量合格的建筑装饰工程产品所需的人工、材料、机械台班消耗的数量标准。如按照某地区装饰装修消耗量定额：抹 100m^2 的水泥砂浆楼地面层，人工综合工日消耗量为 12.8 工日；材料消耗量中，1：2 水泥砂浆需消耗 2.1m^3；机械消耗量中，200L 灰浆搅拌机需消耗 0.35 台班。

二、建筑装饰工程预算定额的特点

建筑装饰工程是在建筑物结构基础上的设计和施工，是建筑艺术与技术的结合，有较强的时代感和复杂多样的施工工艺。与此相适应，使得建筑装饰工程预算定额存在一些特点，主要表现在以下几个方面。

① 新工艺、新材料项目多；

② 文字说明难以表达清楚的部分，以图示说明较多；

③ 采用系数计算的项目较多；

④ 由于构造和施工工艺复杂、材料种类繁多，所以定额项目设置复杂，分类方式多样。例如，墙柱面工程中，块料面层项目设置按材料种类分为大理石、花岗岩、瓷砖等；而墙柱面装饰项目设置按构造分为龙骨、基层板和饰面板等项目；

⑤ 采用量、价分离原则，便于准确确定工程造价。

三、建筑装饰工程预算定额的作用

建筑装饰工程预算定额作为计算建筑装饰工程预算造价的重要依据，其作用主要体现在以下几个方面。

① 建筑装饰工程预算定额是编制建筑装饰工程预算，合理确定建筑装饰工程造价的依据。建筑装饰工程造价是根据设计图纸所规定的工程数量及相应的人工、材料和机械台班消耗量，从而确定工程造价的，其中人工、材料和机械台班消耗量是根据定额计算出来的。

② 建筑装饰工程预算定额是建筑装饰设计方案进行技术经济比较以及对新型装饰材料进行技术经济分析的依据。

③ 建筑装饰工程预算定额是招投标过程中编制工程标底的依据。

④ 建筑装饰工程预算定额是编制建筑装饰工程施工组织设计，确定建筑装饰工程施工所需人工、材料及机械台班需用量的依据。

⑤ 建筑装饰工程预算定额是编制装饰工程竣工结算的依据。

⑥ 建筑装饰工程预算定额是建筑装饰施工企业成本考核、编制企业定额的依据。

⑦ 建筑装饰工程预算定额是编制建筑装饰工程单位估价表的依据。

⑧ 建筑装饰工程预算定额是编制建筑装饰工程概算定额（指标）和估算指标的基础。

⑨ 建筑装饰工程预算定额是编制企业定额进行投标报价的参考。

四、装饰工程预算定额的编制依据和编制原则

（一）编制装饰工程预算定额的依据

① 国家现行产品标准、设计规范、施工及验收规范；

② 国家现行技术操作规程、质量评定标准和安全操作规程；

③ 标准图集、通用图集及有关省、自治区、直辖市的标准图集和做法；

④ 全国统一建筑安装工程劳动定额；

⑤ 全国统一建筑装饰装修工程消耗量定额及各省、自治区、直辖市的补充资料等。

（二）装饰工程预算定额的编制原则

1. 社会平均水平的原则

装饰工程预算定额是根据正常的施工条件，多数施工企业的装备程度，合理的施工组织和工艺、工期条件下的社会平均消耗水平编制的，既反映当前设计、施工和管理的实际，又有利于促进技术进步和管理水平的提高。主要特点就是反映了社会平均水平，照顾了多数施工企业。

2. 体现"简明适用，项目齐全，使用方便，计算简单"的原则

装饰工程消耗量定额的内容、形式要满足不同用途的需要，具备多方面的适用性，又要简单明了，易于掌握和应用。为此应做到项目齐全，粗细恰当，布局合理，要注意补充"采用新技术、新结构、新材料和先进技术"的项目内容；同时为了稳定定额的水平，要尽量少留活口，减少换算工作量，这样有利于维护定额的严肃性。

3. 坚持"以专为主，专群结合"的原则

定额的编制具有很强的技术性、实践性和法规性，不但要有专门的机构和专业人员组织把握方针政策，经常性地积累定额资料，还要专群结合，及时了解定额在执行过程中的情况和存在的问题，以便及时将新工艺、新技术、新材料反映在定额中。

五、装饰工程预算定额计量单位的确定

定额的计量单位主要根据工程项目的形体特征、变化规律、组合情况来确定。计量单位一般有物理计量单位和自然计量单位两种。

物理计量单位，是指需要经过度量的单位。装饰工程消耗量定额常用的物理计量单位有

"m^3"、"m^2"、"m"、"t"等。

自然计量单位,是指不需要经过度量的单位。装饰工程消耗量定额常用的自然计量单位有"个"、"台"、"组"等。

计量单位的确定规则如下。

① 当物体长、宽、高三个方向不固定时,应以"m^3"为计量单位,如地面垫层等。

② 当物体厚度一定,而面积不固定时,应以"m^2"为计量单位,如楼地面工程、墙柱面抹灰、天棚吊顶工程等。

③ 当物体的截面有一定形状,但长度方向不固定时,应以"m"为计量单位,如踢脚线、楼梯扶手等。

④ 当物体形体相同,但质量和价格差异很大,应以"kg"、"t"为计量单位,如金属结构构件油漆等。

⑤ 有些项目可按"个"、"台"、"套"、"座"等自然单位为计量单位,如卫生间毛巾杆、台面等。

计量单位确定后,为便于定额标定和使用,一般采用扩大单位,如100m、10m^3、100m^2 等。

第三节 建筑装饰工程预算定额的应用

一、建筑装饰工程预算定额手册的组成内容

建筑装饰工程预算定额手册由文字说明、定额项目表和附录所组成。

1. 文字说明

文字说明由目录、总说明、分部说明以及工程量计算规则等所组成。

总说明主要规定了建筑装饰工程预算定额的编制原则、适用范围、用途、定额中考虑的因素和未考虑的因素、使用中应注意的事项和有关问题的规定说明等。

分部说明和工程量计算规则,是建筑装饰工程预算手册的重要组成部分,它主要规定了本分部工程所包括的主要项目、定额换算的有关规定、定额应用时的具体规定和处理方法以及分部工程工程量计算规则等。

2. 定额项目表

定额项目表是建筑装饰工程预算定额的核心内容。它由表头(分节定额名称)、工程内容(定额项目所包含各主要工作过程的说明)、定额计量单位、定额编号、定额项目名称以及人工、材料、施工机械台班消耗量指标所组成。现以表1.1 水泥砂浆整体面层定额表为例说明表式的构成。

表格的左上角"项目",即表示横行所标的工程项目,表中分项工程为水泥砂浆整体面层,同时又细分为三个子项目;该"项目"又表示竖行所标的定额项目构成要素,这些要素包括人工、材料和机械消耗量。了解并熟悉定额表中各栏目及数据间关系,对正确使用定额至关重要。

3. 附录

附录中规定了定额项目表中材料、半成品以及成品的损耗率,是定额应用的补充资料。

二、建筑装饰工程预算定额的应用

在应用建筑装饰工程预算定额时,通常会遇到三种情况:直接应用、换算应用和补充。

(一)直接应用

当建筑装饰施工图的设计要求与定额内容相一致时,可直接应用。其步骤如下。

① 熟悉定额文字说明和附录内容。

表 1.1　水泥砂浆整体面层

工作内容：清理基层、调运砂浆、刷素水泥浆、抹面、压光、养护。　　　　　　　　单位：100m²

定　额　编　号		B1-1	B1-2	B1-3
项　　　目		水泥砂浆		
		楼地面 20mm	加浆抹光随捣随抹 5mm	楼梯 20mm
名　　　称	单位	数　　　量		
人工　综合工日	工日	12.8	5.89	42.42
材 料　水泥砂浆 1∶2	m³	2.1		2.85
水泥砂浆 1∶1	m³		0.53	
素水泥浆	m³	0.11		0.14
工程用水	m³	4.46	0.10	6.06
草袋	m²	22.8		31.02
机械　灰浆搅拌机 200L	台班	0.35	0.09	0.48

② 查看施工图纸、设计说明和标准图集中的工程做法、技术特征、工程内容、构造层次，并与定额相对照，确定一致。

③ 根据施工图计算出的分项工程工程量，分别乘以相应定额项目的人工、材料、施工机械台班消耗量，求得所需分项工程的人工、材料和施工机械台班数量。

④ 将该项工程所需人工、材料和机械台班消耗量乘以人工、材料、机械台班单价（或预算定额基价），即得出该项工程直接工程费。

【例 1-1】　某会议室地面面积为 65m²，施工图纸设计要求为 1∶2 水泥砂浆整体面层 20mm 厚。求该地面的人工、材料、机械台班消耗量。

分析

① 某地区《装饰装修工程消耗量定额》规定：整体面层及块料面层的结合层砂浆配合比及厚度与设计不同时，均可以换算。其中，厚度与实际不同时，可按建筑工程消耗量定额中找平层相应子目增减。

② 施工图纸设计要求为 1∶2 水泥砂浆整体面层 20mm 厚与某地区《装饰装修工程消耗量定额》水泥砂浆整体面层规定相一致，可直接应用。

③ 由已知得到会议室地面面积为 65m²，是该分项工程的工程量。

解　根据题意查找相应的定额项目，确定定额编号、项目名称、计量单位，可直接套用表 1.1 中定额 B1-1，已知定额消耗量如下：

综合工日　　　　　　　12.80 工日/100m²

水泥砂浆 1∶2　　　　　2.1m³/100m²

素水泥浆　　　　　　　0.11m³/100m²

工程用水　　　　　　　4.46m³/100m²

草袋　　　　　　　　　22.88m²/100m²

灰浆搅拌机 200L　　　0.35 台班/100m²

得　该项工程人工、材料、机械台班消耗量为：

人工（综合工日）　　　　　　65/100×12.80＝8.32（工日）

材
料
水泥砂浆 1∶2　　　65/100×2.1＝1.365（m³）

素水泥浆　　　　　65/100×0.11＝0.0715（m³）

工程用水　　　　　65/100×4.46＝2.899（m³）

草袋　　　　　　　65/100×22.88＝14.872（m²）

机械（灰浆搅拌机）200L　　　65/100×0.35＝0.2275（台班）

（二）换算应用

当建筑装饰施工图设计与预算定额项目的工程内容、材料规格、施工方法等条件不相一致时，不可以直接应用预算定额，需按照预算定额文字说明部分的有关规定进行换算。

建筑装饰工程预算定额的换算主要有以下几点。

1. 砂浆换算

当设计砂浆种类、配合比与定额不同时，可按设计规定进行调整，但人工、机械消耗量不变。

当设计砂浆厚度与定额不同时，应按照定额说明文字规定部分进行调整，否则不可进行调整。

如某地区《装饰装修工程消耗量定额》规定：整体面层及块料面层的结合层砂浆配合比及厚度与设计不同时，均可以换算。其中，厚度与实际不同时，可按建筑工程消耗量定额中找平层相应子目增减。

【例1-2】 某车间地面设计要求为1：2.5水泥砂浆（32.5级水泥）抹面15mm厚，试套用定额并换算定额基价。

分析 可套用《价目汇总表》B1-1水泥砂浆楼地面子目（表1.2）和《装饰定额》B1-1水泥砂浆楼地面子目（如表1.1），由于该子目中为1：2水泥砂浆（325#水泥）厚20mm，根据定额说明，套用时应换算砂浆配合比的厚度，厚度按表1.3中A10-20子目，水泥砂浆找平层每增减5mm换算。而A10-20子目中的水泥砂浆（325#水泥）配合比为1：3，故也需换算A10-20砂浆配合比。

表1.2 某地区《建筑工程消耗量定额价目汇总表》B1-1子目

定额编号	定额名称	单位	基价	其 中		
				人工费	材料费	机械费
B1-1	水泥砂浆楼地面20mm	100m²	804.52 元	320.00 元	465.95 元	18.57 元

表1.3 找平层子目

工作内容：1. 清理基层、调运砂浆、抹平、压实。

2. 清理基层、刷素水泥浆、抹面、压光、养护。 单位：100m²

定 额 编 号		A10-18	A10-19	A10-20	A10-21	A10-22
项 目		水泥砂浆			细石混凝土	
		在填充材料上	在混凝土或硬基层上	每增减 5mm	硬基层面上	每增减 5mm
		20mm			30mm	
名 称	单位	数 量				
人工	综合工日	工日	8.58	9.42	1.76	9.63	1.58
材料	水泥砂浆1：3	m³	2.53	2.02	0.51		
	素水泥浆	m³		0.10		0.10	
	现浇碎石混凝土 C15～C20(32.5级水泥)	m³				3.03	0.51
	工程用水	m³	0.42	0.94		2.70	0.36
机械	灰浆搅拌机	台班	0.42	0.34	0.09		
	滚筒式混凝土搅拌机 电动 400L	台班				0.38	0.06
	混凝土振捣器平板式	台班				0.08	0.002

A10-20 子目单价组成见表 1.4 所示。根据该地区建筑工程消耗量定额（包括装饰工程消耗定额）规定，工程项目定额材料费均不包括材料检验试验费，其材料检验试验费率为材料费取定价的 2%。

表 1.4　某地区《建筑工程消耗量定额价目汇总表》A10-20 子目

定额编号	定额名称	单位	基价	其　　　　中		
				人工费	材料费	机械费
A10-20	水泥砂浆每增减 5mm	100m²	121.85 元	44.00 元	73.07 元	4.78 元

该《价目汇总表》材料取定价为：

1：2.5 水泥砂浆（32.5 级水泥）为 169.05 元/100m²

1：2 水泥砂浆（325# 水泥）为　170.73 元/100m²

1：3 水泥砂浆（325# 水泥）为　143.27 元/100m²

解　① 砂浆配合比换算：将 B1-1 子目中的 1：2 水泥砂浆（325# 水泥）和 A10-20 子目中的 1：3 水泥砂浆（325# 水泥）换为 1：2.5 水泥砂浆（32.5 级水泥）。

B1-1 换：320.00＋465.95×1.002＋18.57＋（169.05－170.73）×2.10×1.002

　　　＝805.45＋（－3.54）＝801.91（元/100m²）

A10-20 换：44.00＋73.07×1.002＋4.78＋（169.05－143.27）×0.51×1.002

　　　＝122.00＋13.17＝135.17（元/100m²）

② 厚度换算：将 B1-1 子目中规定的 20mm 厚调整为 15mm 厚

B1-1 换：801.91-135.17＝666.74（元/100m²）

③ 该车间地面套定额 B1-1 子目经换算后定额基价为：666.74 元/100m²

2. 块料用量的换算

当设计规定的材料的规格，与预算定额不同时，导致块料用量的变化，可按规定进行调整材料用量。如某地区《装饰装修工程消耗量定额》规定：块料面层（勾缝）子目，当勾缝宽度超过子目规定宽度时，其块料及灰缝材料用量可以调整，其他不变。

块料面层密缝改勾缝的计算公式为：

密缝100m²块料用量(块)＝[100÷(块料长×块料宽)]×(1＋损耗率%)

勾缝100m²块料用量(块)＝{100÷[(块料长＋缝宽)×(块料宽＋缝宽)]}×(1＋损耗率%)

灰缝砂浆用量(m³)＝{100－[块料长×块料宽×"100m²"块料净用量(块)]}×灰缝深度×(1＋损耗率%)

换算后定额基价＝原定额基价＋(勾缝时块料用量－密缝时块料用量)×块料单价＋勾缝砂浆数量×勾缝砂浆单价

【例 1-3】　定额墙面墙裙贴瓷砖子目，规格 152mm×152mm，试计算由密缝改为勾缝的定额基价。已查得装饰定额和价目汇总表墙面墙裙贴瓷砖子目定额基价 3274.85 元/100m²（其中人工费 1606.50 元/100m²，材料费 1649.78 元/100m²，机械费 18.57 元/100m²），瓷砖用量 103.50m²/100m²，瓷砖损耗率 3.5%，瓷砖单价 12.30 元/m²，勾缝用 1：1 水泥砂浆（32.5 级水泥），单价 223.69 元/m³，砂浆损耗率 1%，勾缝宽度 10mm、深度 5mm。

解　① 将密缝块料换算为勾缝量，根据公式，100m² 贴瓷砖（勾缝）墙面块料用量为：

{100÷[(0.152＋0.01)×(0.152＋0.01)]}×(1＋3.5%)＝3810.39×1.035＝3944（块）

② 将 100m² 贴瓷砖（勾缝）墙面块料用量折算成平方米数为：

$0.152 \times 0.152 \times 3944 = 91.12$ （m²）

③ 100m² 贴瓷砖（勾缝）墙面勾缝砂浆用量为：

$(100 - 0.152 \times 0.152 \times 3810.39) \times 0.005 \times (1 + 1\%) = 0.06$（m²）

④ 换算后的定额基价：

$(1606.50 + 1649.78 \times 1.002 + 18.57) + (91.12 - 103.50) \times 12.30 \times 1.002 + 0.06 \times 223.69 \times 1.002$

$= 3278.15 + (-152.58) + 13.45$

$= 3139.02$（元/100m²）

3. 系数换算

系数换算是指按定额规定，应用定额时，定额的人工、材料、机械台班乘以一定的系数。例如某地区《装饰装修工程消耗量定额》规定，圆弧形、锯齿形及不规则墙面抹灰按相应子目人工乘以系数 1.15。

【例 1-4】 计算某装饰工程圆弧形墙面抹混合砂浆的定额基价及人工、材料及机械台班消耗量，其工作内容与定额相同。

解 根据装饰定额如表 1.5 所示 B2-36 及定额换算规定。

表 1.5　墙面抹混合砂浆

工作内容：清理、修补、湿润基层表面、堵洞眼、调运砂浆、分层抹灰找平、刷浆、洒水湿润，罩面压光（包括门窗洞口侧壁及护角线抹灰），清扫落地灰等。　　　　　　　　　　　　　单位：100m²

定额编号			B2-36	B2-37	B2-38
项目			混合砂浆		
			砖墙 14mm+6mm	混凝土墙 12mm+8mm	毛石墙 24mm+6mm
名称		单位	数量		
人工	综合工日	工日	17.38	19.93	23.54
材料	混合砂浆 1:1:6	m³	1.59	1.36	2.73
	混合砂浆 1:1:4	m³	0.69	0.92	0.69
	水泥砂浆 1:2	m³	0.02	0.02	0.04
	素水泥浆	m³		0.11	
	107 胶	kg		2.87	
	工程用水	m³	0.59	0.59	0.78
机械	灰浆搅拌机 200L	台班	0.39	0.39	0.58

B2-36 子目单价组成见表 1.6 所示。

表 1.6　某地区《建筑工程消耗量定额价目汇总表》B2-36 子目

定额编号	定额名称	单位	基价	其中		
				人工费	材料费	机械费
B2-36	混合砂浆抹砖墙(14mm+6mm)	100m²	695.21 元	434.5 元	240.01 元	20.7 元

换算后的圆弧形墙面抹混合砂浆的定额基价 $= 434.5 \times 1.15 + 240.01 + 20.7$

$= 760.39$ （元/100m²）

其人工、材料、机械台班消耗分别为：

人工消耗　$17.38 \times 1.15 = 19.99$（工日/100m²）

由于只是对人工消耗进行乘系数换算，故材料和机械台班消耗量均不变。

4．其他换算

其他换算是指不属于上述几种换算情况的换算，例如：

① 当设计龙骨规格、间距与定额不同时，定额用量可调整；

② 普通木门窗当设计断面与定额不同时，定额木材材积可调整；

③ 定额中木材为自然干燥，如实际为烘干时，应增加烘干损耗；

④ 建筑物的垂直运输和超高增加费。

【例 1-5】　某普通单扇无亮镶板门门框、门扇的断面如图 1-2 所示（净用量）。问当应用定额时应如何计算的框、扇的断面尺寸？

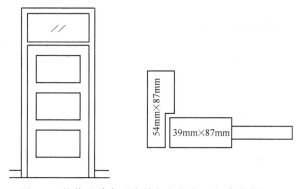

图 1-2　某普通单扇无亮镶板门门框、门扇的断面图

解　某地区《装饰装修工程消耗量定额》规定，木材断面或厚度均以毛料为准，如设计图纸注明的断面或厚度为净料时，应增加刨光损耗，在净料基础上，一面刨光增加 3mm，两面刨光增加 5mm。圆木构件按每立方米体积增加 0.05mm³ 的刨光损耗。

根据某地区《装饰装修工程消耗量定额》规定框、扇断面的计算尺寸为：

框料断面　$(54 + 3) \times (87 + 5) = 5244$（mm²）$= 52.44$（cm²）

扇料断面　$(39 + 5) \times (87 + 5) = 4048$（mm²）$= 40.48$（cm²）

【本章小结】

1．定额是指在标准生产条件下，生产单位合格产品所需要消耗的各种物质的数量标准。

2．建设工程定额具有法令性、科学性与群众性、稳定性与时效性、统一性等特性。

3．建设工程定额分类：

（1）按照生产因素分类，可以把工程建设定额分为劳动消耗定额、材料消耗定额和机械台班消耗定额；

（2）根据编制程序和用途，可以把工程建设定额分为施工定额、预算定额、概算定额、投资估算指标等；

（3）根据编制单位和执行范围不同，把工程建设定额分为全国统一定额，专业定额、地区定额、企业定额和补充定额等；

（4）按专业不同，工程建设定额可分为建筑工程定额、装饰装修工程定额、市政工程定额、修缮工程定额、安装工程定额及仿古园林绿化工程定额等。

4．装饰工程预算定额是指在一定的施工技术与组织条件下，完成规定计量单位质量合格的装饰工程产品所需的人工、材料、机械台班消耗的数量标准。

5．定额的应用方法分为直接应用、换算应用和补充。

（1）当建筑装饰施工图的设计要求与定额内容相一致时，可直接应用。

（2）当建筑装饰施工图设计与预算定额项目的工程内容、材料规格、施工方法等条件不相一致时，不可以直接应用预算定额，需按照预算定额文字说明部分的有关规定进行换算。

（3）建筑装饰工程的换算主要有砂浆换算、块料用量的换算、系数换算、其他换算。

【复习思考题】

1. 什么是建筑装饰工程预算定额？

2. 建筑装饰工程预算定额的特点是什么？

3. 建筑装饰工程预算定额的作用是什么？

4. 建筑装饰工程预算定额的编制原则是什么？

5. 建筑装饰工程预算定额的编制步骤是什么？

6. 建筑装饰工程预算定额的应用类型有哪些？

7. 以楼地面水泥砂浆（20mm）铺贴花岗岩为例，说明定额项目的内容，并计算完成 $535m^2$ 楼地面水泥砂浆（20mm）贴花岗岩所需的材料用量。

8. 写出下列分项工程项目所包括的工程内容、定额编号、预算计价和主要材料消耗量。

① 水泥砂浆 30mm 粘贴大理石台阶；

② 楼地面缸砖面层，结合层水泥砂浆 20mm，勾缝，灰缝 8mm；

③ 水磨石嵌铜条；

④ 不锈钢栏杆，有机玻璃栏板；

⑤ 混凝土墙面刷水泥白石子浆；

⑥ 普通水磨石墙面玻璃分格条；

⑦ 墙面干挂大理石（密缝）；

⑧ 墙柱面装饰木龙骨断面 25mm×30mm；

⑨ 天棚铝合金扣板直接安装在木龙骨上；

⑩ 半截玻璃门单扇带亮门框制作。

第二章　建筑装饰工程预算

【学习内容】　本章主要介绍建筑装饰工程预算的分类、组成、编制依据、编制方法和步骤及人工、材料、机械台班单价的确定方法。

【学习目的】　重点掌握建筑装饰工程预算的编制方法和步骤，能正确合理地确定人工、材料、机械台班单价。

第一节　概　　述

一、建筑装饰工程预算分类

广义上，建筑装饰工程预算可按编制阶段、编制依据、编制方法及用途的不同分为投资估算、设计概算、施工图预算、承包合同价、竣工结算、竣工决算。

（1）投资估算　指编制项目建议书、进行可行性研究报告阶段编制的工程造价。一般可按规定的投资估算指标，类似工程的造价资料，现行的设备、材料价格并结合工程的实际情况进行投资估算。投资估算是对建设工程预期总造价所进行的优化、计算、核定及相应文件的编制，所预计和核定的工程造价称为估算造价。投资估算是进行建设项目经济评价的基础，是判断项目可行性和进行项目决策的重要依据，并作为以后建设阶段工程造价的控制目标限额。

（2）设计概算　指在初步设计阶段，在投资估算的控制下，由设计单位根据初步设计或扩大初步设计图纸及说明、概算定额或概算指标、综合预算定额、取费标准、设备材料预算价格等资料编制和确定建设项目从筹建到竣工交付生产或使用所需全部费用的经济文件，包括建设项目总概算、单项工程综合概算、单位工程概算等。

设计概算是设计文件的重要组成部分，是由设计单位根据初步设计图纸、概算定额或概算指标、有关费用标准进行编制。

设计概算是确定建设工程投资、编制工程建设计划、控制工程拨款或贷款、考核设计的合理性、进行材料订货等工作的依据。

（3）施工图预算　指在施工图纸设计完成后、工程开工前，由建设单位（或施工单位）预先计算和确定单项或单位工程全部建设费用的经济文件。建设单位或其委托单位编制的施工图预算，可作为工程建设招标的标底。对于施工承包方来说，进行工程投标报价和施工组织设计时也需进行施工图预算。

设计概算和施工图预算均属基本建设预算的组成内容，两者除在编制依据、所处的编制阶段、所起的作用及分项工程项目划分上有粗细之分外，其编制方法基本相似。

（4）承包合同价　指在招标、投标工作中，经组织开标、评标、定标后，根据中标价格由招标单位和承包单位，在工程承包合同中，按有关规定或协议条款约定的各种取费标准计算的用以支付给承包方按照合同要求完成工程内容的价款总额。

按照合同类型和计价方法，承包合同价有总价合同、单价合同、成本加酬金合同、交钥匙统包合同等不同类型。

（5）竣工结算 指一个单位工程或单项工程完工后，经组织验收合格，由施工单位根据承包合同条款和计价的规定，结合工程施工中设计变更等引起的工程建设费增加或减少的具体情况，编制经建设或委托的监理单位签认的，用以表达该项工程最终实际造价为主要内容的作为结算工程价款依据的经济文件。竣工结算方式按工程承包合同规定办理，为维护建设单位和施工企业双方利益，应按完成多少工程，付多少款的方式结算工程价款。

（6）竣工决算 指建设项目全部竣工验收合格后编制的实际造价的经济文件。竣工决算可以反映建设交付使用的固定资产及流动资产的详细情况，可以作为财产交接、考核交付使用的财产成本以及使用部门建立财产明细表和登记新增资产价值的依据。通过竣工决算所显示的完成一个建设项目所实际花费的总费用，是对该建设项目进行清产核资和后评估的依据。

从投资估算、设计概算、施工图预算到承包合同价，再到各项工程的结算价和最后在结算价基础上编制竣工决算，整个计价过程是一个由粗到细、由浅到深，最后确定工程实际造价的过程，计价过程中各个环节之间相互衔接，前者制约后者，后者补充前者。在这种情况下，实行技术与经济相结合，研究和建立工程造价"全过程一体化"管理，改变"铁路警察各管一段"的状况，对建设项目投资或成本控制十分必要。

狭义上，建筑装饰工程预算指建筑装饰工程施工图预算。本书所讲的建筑装饰工程预算指其狭义，即建筑装饰工程施工图预算。

二、建筑装饰工程预算文件的组成

一份完整的建筑装饰工程预算文件（书）有下列内容组成。

（1）封面 封面反映工程概况，内容一般包括：单位工程名称、建设单位名称；施工单位名称；工程类别；结构类型；建筑面积；预算总造价、单方造价；编制单位名称、技术负责人、编制人和编制日期；审核单位名称、技术负责人、审核人和审核日期等。

（2）编制说明 指编制者向审核者交代编制方面有关情况，包括编制依据、工程性质、内容范围、设计图纸号、所用预算定额编制年份（即价格水平年份）、有关部门的调价文件号、套用单价或补充单位估价表方面的情况及其他需要说明的问题。

编制说明主要说明所编预算在预算表中无法表达，而又需要使审核单位（或人员）与使用单位（或人员）必须了解的内容。其内容一般应包括施工现场（如土质、标高）与施工图说明不符的情况，对建设单位提供的材料与半成品预算价格的处理，施工图纸的重大修改，对施工图纸说明不明确之处的处理，基础的特殊处理，特殊项目及特殊材料补充单价的编制依据与计算说明，经甲乙双方协商同意编入预算的项目说明，未定事项及其他应予以说明的问题等。

（3）费用汇总表 指组成单位工程预算造价各项费用的汇总表。其内容包括直接费、间接费、利润、材料价差调整、各项税金等。

（4）工程预算表 指分部分项工程直接工程费和措施费的计算表（有的含工料分析表），它是工程预算书（即施工图预算）的主要组成部分，其内容包括定额编号、分部分项工程名称、计量单位、工程数量、预算单价及合价等。有些地区还将人工费、材料费和机械费在本表中同时列出，以便汇总后计算其他各项费用。

（5）工料分析表 指分部分项工程所需人工、材料和机械台班消耗量的分析计算表。此表一般与工程预算表结合在一起（有的也分开），其内容除与工程预算表的内容相同外，还应列出分项工程的预算定额工料消耗量指标和计算出相应的工料消耗数量。

(6) 材料汇总表 指单位工程所需的材料汇总表。其内容包括材料名称、规格、单位、数量。

三、建筑装饰工程预算的编制依据

装饰工程是个综合性的艺术创作，使得装饰工程预算的编制不可能依据单一的资料编制，其编制依据如下。

(1) 施工图纸、设计说明和标准图集 经审定的施工图纸、说明书和材料图集，完整地反映了工程的具体内容、做法及各部分的具体结构尺寸、技术特征以及施工方法，是编制施工图预算的重要依据。

(2) 现行预算定额及单位估价表 国家和地区都颁发有现行建筑、安装工程预算定额及单位估价表和相应的工程量计算规则，是编制施工图预算确定分项工程子目，计算工程量，选用单位估价表和计算直接工程费的主要依据。

(3) 施工组织设计或施工方案 因为施工组织设计或施工方案中包括了编制施工图预算所需的工程自然条件、技术经济条件和主要施工方法、机械设备选择等必不可少的有关资料，如建设地点的土质、地质情况，土石方开挖的施工方法及余土外运方式与运距，施工机械使用情况，结构构件预制加工方法及运距，重要的梁板柱的施工方案、重要或特殊机械设备的安装方案等。

(4) 材料、人工和机械预算价格及调整规定 材料、人工、机械台班预算价格是预算定额的三要素，是构成直接工程费的主要因素。尤其是材料费在工程成本中占的比重大，而且在市场经济条件下，材料、人工、机械台班的价格是随市场的变化而变化的。为使预算造价尽可能接近实际，各地区主管部门对此都有明确的调价规定。因此，材料、人工、机械台班预算价格及其调价规定是编制施工图预算的重要依据。

(5) 建筑安装工程费用定额 指各省、市、自治区和各专业部门规定的费用定额及计算程序。

(6) 预算员工作手册及有关工具书 包括了计算各种结构件面积和体积的公式，钢材、木材等各种材料规格型号及用量数据，各种单位换算比例、特殊断面、结构件的工程量的速算方法和金属材料重量（密度）表等。显然，以上这些公式、资料、数据是施工图预算中常常要用到的。所以它是编制施工图预算必不可少的依据。

第二节 建筑装饰工程预算的编制方法和步骤

目前，常见的建筑装饰工程造价计算方法主要有单价法和实物法两种。

一、单价法编制建筑装饰工程预算

（一）单价法的含义

简而言之，单价法是用事先编制好的分项工程的单位估价表来编制施工图预算的方法。按施工图计算的各分项工程的工程量，乘以相应单价后汇总相加，得到单位工程的直接工程费（即人工费、材料费、机械使用费之和），再加上按规定程序计算出来的间接费、利润和税金，便可得出单位工程的施工图预算造价。

$$单位工程施工图预算直接工程费 = \sum (分项工程量 \times 预算定额单价)$$

（二）单价法编制施工图预算的步骤

单价法编制施工图预算的步骤如图 2-1 所示。

具体步骤如下。

图 2-1　单价法编制施工图预算步骤

(1) 搜集各种编制依据资料　各种编制依据资料包括施工图纸、施工组织设计或施工方案、现行建筑安装工程预算定额、费用定额、统一的工程量计算规则、预算工作手册和工程所在地区的材料、人工、机械台班预算价格与调价规定等。

(2) 熟悉施工图纸和定额　只有对施工图和预算定额有全面详细的了解，才能全面准确地计算出工程量，进而合理地编制出施工图预算造价。

(3) 计算工程量　工程量的计算在整个预算过程中是最重要、最繁重的一个环节，不仅影响预算的及时性，而且影响预算造价的准确性。因此，必须在工程量计算上狠下工夫，确保预算质量。

计算工程量一般可按下列具体步骤进行：

① 根据施工图示的工程内容和定额项目，列出计算工程量的分部分项工程项目；

② 根据一定的计算顺序和计算规则，列出计算式；

③ 根据施工图示尺寸及有关数据，代入计算式进行数学计算；

④ 按照定额中的分部分项工程的计量单位对相应的计算结果的计量单位进行调整，使之一致。

(4) 套用预算定额单价　工程量计算完毕并核对无误后，用所得到的分部分项工程量乘以单位估价表中相应的定额基价，相乘后相加汇总，便可求出单位工程的定额直接工程费。

套用单价时需注意如下几点：

① 分项工程的名称、规格、计量单位必须与预算定额或单位估价表所列内容一致，否则重套、错套、漏套预算基价都会引起直接工程费的偏差，导致施工图预算造价偏高或偏低；

② 当施工图纸的某些设计要求和定额单价的特征不完全符合时，必须根据定额使用说明要求对定额基价进行调整或换算；

③ 当施工图纸的某些设计要求与定额单价的特征相差甚远，既不能直接套用也不能换算、调整时，必须编制补充单位估价表或补充定额。

(5) 编制工料机分析表　根据各分部分项工程实物工程量和相应定额中规定，计算出各分部分项工程所需的人工、材料及机械台班消耗量，经汇总得到单位工程所需的人工、材料和机械台班消耗量。

(6) 计算其他各项费用和汇总造价　按照建筑安装工程造价构成中规定的费用项目、费率及计费基础，分别计算出间接费、利润和税金，并汇总单位工程造价。

(7) 复核　单位工程预算编制后，有关人员对单位工程预算进行复核，以便及时发现差错，提高预算质量。复核时应对工程量计算公式和结果、套用定额基价、各项费用的取费费率及计算基础和计算结果、材料和人工预算价格及其价格调整等方面是否正确进行全面复核。

(8) 编制说明、填写封面　单价法是国内编制施工图预算的主要方法，具有计算简单，工作量较小和编制速度较快，便于工程造价管理部门集中统一管理的优点。但由于是采用事先编制好的统一的单位估价表，其价格水平只能反映定额编制年份的水平。在市场价格波动较大的情况下，单价法的计算结果会偏离实际价格水平，虽然可采用调价，但从测定到颁布调价系数和指数不仅数据滞后且计算也较烦琐。

二、实物法编制建筑装饰工程预算

（一）实物法的含义

实物法是首先根据施工图纸分别计算出分项工程量，然后套用相应预算人工、材料、机械台班的定额用量（消耗量），再分别乘以工程所在地当时的人工、材料、机械台班的实际单价，求出单位工程的人工费、材料费和施工机械使用费，并汇总求和求得直接工程费，最后按规定计取其他各项费用，最后汇总就可得出单位工程施工图预算造价。

其中单位工程施工图预算直接工程费的计算公式为：

单位工程施工图预算直接工程费＝$\sum$（分项工程量×预算定额人工消耗量×工日单价）＋$\sum$（分项工程量×预算定额材料消耗量×材料单价）＋$\sum$（分项工程量×预算定额机械台班消耗量×机械台班单价）

（二）实物法编制施工图预算的步骤

实物法编制施工图预算的步骤如图 2-2 所示。

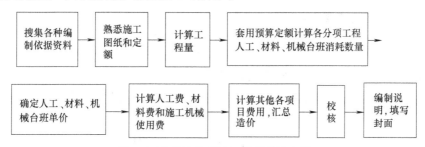

图 2-2 实物法编制施工图预算的步骤

在市场经济条件下，人工、材料和机械台班单价是随着建筑市场供需变化而变化的，它们是影响工程造价最活跃、最主要的因素。用实物法编制施工图预算，符合我国现行的"量价分离"、"企业自主报价"的建筑工程造价体制，能较好地反映实际价格水平，提高了工程造价的准确性。但计算过程较单价法繁琐。

第三节 人工、材料、机械台班单价的确定

我国推行工程量清单计价模式以后，建筑工程预算定额由过去以固定"量"、"价"、"费"定额为主导的静态管理模式，改变到了工程造价实行量价分离的模式，计价定额转变为消耗量定额。所以，在确定建筑装饰工程造价时，不但要确定工程所需的人工、材料和机械台班的消耗量，还要正确确定各地区建筑装饰行业的人工、材料和机械台班单价，从而真正做到工程计价的市场动态管理。

一、人工单价的确定

人工单价亦称工日单价或工日工资，是指直接从事建筑装饰工程施工的生产工人在一个工日内的全部开支费用，反映该地区建筑装饰施工工人的日均工资水平。

（一）人工单价的组成内容

（1）基本工资 包括岗位工资、技能工资和年终工资。基本工资与工人的技术等级有关。一般来说，技术等级越高，工资也越高，且相邻两级别的工资差额随级别升高而增大。

（2）工资性补贴 指为了补偿工人额外或特殊的劳动消耗以及为了保证工人的工资水平

不受特殊条件的影响，以补贴形式发放给工人的劳动报酬。如：按规定标准发放的物价补贴、煤、燃气、交通费、住房补贴、流动施工津贴和特殊工种津贴等。

（3）生产工人辅助工资　指生产工人年有效施工天数以外非作业天数的工资，如学习、培训期间的工资，调动工作、探亲、休假期间的工资，因气候影响的停工工资，女工哺乳期间的工资，病假在六个月以内的工资及产、婚、丧假期工资。

（4）职工福利费　职工福利费是指按规定标准计提的职工福利费。

（5）生产工人劳动保护费　生产工人劳动保护费是指按规定标准发放的劳动保护用品的购置费及修理费，徒工服装补贴、防暑降温费，在有碍身体健康环境中施工的保健费用等。

目前，我国的人工单价均采用综合人工单价的形式，即根据综合取定不同工种、不同技术等级的工资单价及相应的工时比例进行加权平均，得出能够反映工程建设中生产工人一般价格水平的人工单价。

（二）人工单价的确定

人工单价由基本工资、工资性补贴、生产工人辅助工资、职工福利费、生产工人劳动保护费五部分构成。

人工单价的计算表达式为：

$$人工单价 = \frac{建筑装饰工程人工费}{工日数} = \sum_1^5 G$$

（1）基本工资计算（G_1）　计算公式如下。

$$基本工资(G_1) = 一级工人基本工资 \times 工资等级系数$$

或

$$基本工资(G_1) = \frac{生产工人平均月工资}{月平均法定工作日}$$

$$月平均法定工作日 = \frac{365 - 52 \times 2 - 10}{12} = 20.92（天）$$

其中，工资等级系数按国家有关规定或企业有关规定、劳动者的技术水平、熟练程度和工作责任等因素不同，采取不同的工资级别，用工资等级系数表示。工资等级系数表示各级工人基本工资标准的比例关系，通常以一级工基本工资标准与另一级工人基本工资标准的比例来表示。根据全国各地的经济发展状况、自然气候条件等因素，把全国的建筑安装工人基本工资划分为八类。如表2.1所示。

表 2.1　某地区各级建筑安装工人工资等级系数

工资等级	1	2	3	4	5	6	7	8
建筑工资等级系数	1.000	1.187	1.409	1.672	1.985	2.358	2.800	—
安装工资等级系数	1.000	1.178	1.388	1.635	1.926	2.269	2.673	3.150

（2）工资性补贴计算（G_2）

$$工资性补贴(G_2) = 平均到每一工作日的工资性补贴发放标准。$$

或

$$工资性补贴(G_2) = \frac{\sum 年发放标准}{年法定工作日} + \frac{\sum 月发放标准}{月平均法定工作日} + 每工作日发放标准$$

（3）生产工人辅助工资计算（G_3）

$$生产工人辅助工资(G_3) = 有效工作日以外的非生产工日工资$$

或　　　　　　　　$\text{生产工人辅助工资}(G_3) = \dfrac{\text{年非生产工日数} \times (G_1 + G_2)}{\text{年平均法定工作日}}$

（4）职工福利费计算（G_4）

　　　　　　$\text{职工福利费}(G_4) = (G_1 + G_2 + G_3) \times \text{福利费计提比例}(\%)$

（5）生产工人劳动保护费（G_5）

　　　　$\text{生产工人劳动保护费}(G_5) = \dfrac{\text{生产工人年平均支出劳动保护费}}{\text{年平均法定工作日}}$

【例 2-1】 已知某砌砖工作组，平均月基本工资标准为 420.00 元/月，平均月工资性补贴为 280 元/月，平均劳动保护费为 60 元/月。问该砌砖小组平均日工资单价为多少？

解 根据公式计算并可知月平均法定工作日 20.92 天，有

　　　　砌砖小组平均日工资单价 =（420 + 280 + 60）/20.92 = 36.33（元/工日）

（三）影响人工单价的因素

（1）社会平均工资水平　建筑安装工人人工单价必然和社会平均工资水平趋同。社会平均工资水平取决于社会经济发展水平。由于我国改革开放以来经济迅速增长，社会平均工资也有大幅度增长，从而影响到人工单价的大幅度提高。

（2）生产消费指数　生产消费指数的提高会带动人工单价的提高以减少生活水平的下降，或维持原来的生活水平。生活消费指数的变动决定于物价的变动，尤其决定于生活消费品物价的变动。

（3）人工单价的组成内容　例如，住房消费、养老保险、医疗保险、失业保险费等列入人工单价，会使人工单价提高。

（4）劳动力市场供需变化　劳动力市场如果需求大于供给，人工单价就会提高；供给大于需求，市场竞争激烈，人工单价就会下降。

（5）国家政策的变化　如政府推行社会保障和福利政策，会影响人工单价的变动。

二、材料单价的确定

材料单价亦称单位材料预算价格，是指建筑装饰材料由其来源地（或交货地点）运至工地仓库（或施工现场材料存放点）后的出库价格。包括材料原价以及在采购、运输及保管的全过程所发生的费用。

（一）材料单价的组成内容

一般地，材料单价由以下费用所构成。

（1）材料原价（或供应价格）　即材料的进价，指材料的出厂价、交货地价格、市场批发价以及进口材料货价。一般包括供销部门手续费和包装费在内。

（2）材料运杂费　指材料自来源地（或交货地）运至工地仓库（或存放地点）所发生的全部费用。

（3）场外运输损耗费　指材料在装卸、运输过程中发生的不可避免的合理损耗。

（4）采购保管费　指材料部门在组成采购、供应和保管材料过程中所发生的各种费用。它包括采购费、仓储费、工地保管费和仓储损耗。

（5）检验试验费　指对建筑材料、构件和建筑安装物进行一般鉴定、检查所发生的费用，包括自设试验室进行试验所耗用的材料和化学药品等费用。不包括新结构、新材料的试验费和建设单位对具有出厂合格证明的材料进行检验，对构件做破坏性试验及其他特殊要求检验试验的费用。

（二）材料单价的确定

材料单价由材料原价、材料运杂费、场外运输损耗费、材料采购及保管费、检验试验费

五部分构成。材料单价的计算公式为：

材料单价＝（材料原价＋运杂费＋场外运输损耗费）×（1＋采购及保管费率）＋材料检验试验费

1. 材料原价的确定

材料原价是指材料生产厂家的出厂价、商业部门的销售价、物资仓库的出库价、市场批发价及进口材料的抵岸价等。同一种材料因来源地、生产厂家、交货地点或供应单位不同而有几种原价时，要采用加权平均方法计算其平均原价。

【例2-2】 某工程的标准砖有三个来源：甲地供应量为25%，原价为200.00元/千块；乙地供应量为35%，原价为168.00元/千块；丙地供应量为40%，原价为178.00元/千块。求标准砖的平均原价。

解 标准砖的平均原价为：

$$200.00 \times 25\% + 168.00 \times 35\% + 178 \times 40\% = 180 \text{（元/千块）}$$

2. 材料运杂费

材料运杂费是指材料由采购（或交货）地点运到工地仓库或施工现场堆放地点，全部运输过程中所支付的各种费用，包括车、船等交通工具的运输费，调车费，驳船费，装卸费，运输保险费，检尺费，过磅费，专用线折旧费，公路使用费，过桥、过隧道费等。

在编制材料预算价格时，材料来源地的确定必须贯彻就地就近取材，最大限度地缩短运距的原则。材料运杂费的计算，应根据材料的来源地、运输里程、运输方式，并按国家或地方规定的运价标准采用加权平均的方法计算。

$$材料运杂费 = \frac{Q_1 T_1 + Q_2 T_2 + Q_3 T_3 + \cdots + Q_n T_n}{Q_1 + Q_2 + Q_3 + \cdots + Q_n}$$

式中 Q_1、Q_2、$Q_3 \cdots Q_n$——不同运距的供应量；

T_1、T_2、$T_3 \cdots T_n$——不同运距的运杂费。

【例2-3】 某材料有三个货源地，各地的运距、运费见表2.2所示，试计算该材料的平均运费。

表2.2 某材料货源地、运费、运距

货源地	供应量/t	运距/km	运输方式	运杂费单价/[元/(t·km)]
A	800	86	汽车	0.35
B	400	55	汽车	0.35
C	500	83	火车	0.30

解 根据材料运杂费计算公式，不同运距每吨材料的运杂费分别为：

A地 $86 \times 0.35 = 30.1$（元/t）

B地 $55 \times 0.35 = 19.25$（元/t）

C地 $83 \times 0.30 = 24.9$（元/t）

$$该材料的平均运杂费 = \frac{800 \times 30.1 + 400 \times 19.25 + 500 \times 24.9}{800 + 400 + 500} = 26.02 \text{（元/t）}$$

3. 场外运输损耗费

材料的场外运输损耗费是指某些散装、堆装（如砖、瓦、灰、砂、石等材料）和易损易碎的材料（如平板玻璃、灯具、瓷砖、卫生陶瓷等），在运输过程中不可避免地发生损坏或洒漏，在材料价格内应计入合理的损耗。其标准由各省、市、自治区建设行政主管部门制定，以损耗费率为表现形式。某省《建筑安装材料预算价格管理办法》中规定的材料场外运

表 2.3 材料场外运输损耗费率

材 料 名 称	损耗率	材 料 名 称	损耗率
青砖、红砖、空心砖、缸瓦管、炉渣、焦渣	2%	水泥平瓦、脊瓦、琉璃瓦、卫生陶瓷、电瓷	1.5%
砖坯、土坯、灯具	3%	小青瓦、筒瓦、硅藻土瓦、蛭石瓦、珍珠岩瓦	2.5%
耐火砖、白石子、色石子	0.6%	石棉水泥瓦、脊瓦	0.8%
沥青、碎石、卵石、毛石、煤炭	1%	袋装生石灰粉、耐火土、坩子土、菱苦土	1.5%
水泥砖、混凝土管、麻刀、硅藻土	0.5%	平板玻璃	2%
袋装水泥、散装水泥、生石灰、砂	2%	沥青矿棉毡	0.2%
黏土平瓦、脊瓦	2.2%	瓷砖、马赛克、矿渣棉	0.3%

输损耗费率如表 2.3 所示。

场外运输损耗费＝（材料原价＋运杂费）×材料场外运输损耗费率

4. 材料采购及保管费

材料采购及保管费是指材料供应管理部门（包括建设单位和施工单位）在组织采购、供应和保管材料过程中所发生的各项费用。

由于材料的种类、规格繁多，采购及保管费不可能按每种材料采购过程中所发生的实际费用计取，只能规定几种费率。目前，国家经委规定的综合采购保管费率为 2.5%（其中采购费率为 1%，保管费率为 1.5%）；由建设单位采购的，施工单位只收保管费或建设单位取采购及保管费的 20%，施工单位取 80%；清单计价投标时，企业可根据实际情况，自主确定费率。其计算公式为：

材料采购及保管费＝（材料原价＋运杂费＋场外运输损耗费）×采购及保管费率

5. 材料检验试验费

材料检验试验费指对建筑材料、构件和建筑安装物进行一般鉴定、检查所发生的费用，包括自设试验室进行试验所耗用的材料和化学药品等费用。不包括新结构、新材料的试验费和建设单位对具有出厂合格证明的材料进行检验，对构件做破坏性试验及其他特殊要求检验试验的费用。

材料检验试验费发生时按实际发生额计取。

【例 2-4】 根据表 2.4 中资料计算 42.5 级袋装水泥的预算价格。运输损耗率 2%，采购保管费率为 2.5%，材料检验试验费 1.0 元/t。

表 2.4 某材料货源地价格表

货源地	供应量/t	原价/（元/t）	汽车运距/km	运输单价/[元/（t·km）]	装卸费/（元/t）
甲	8000	248.00	28	0.60	6.00
乙	10000	252.00	30	0.60	5.50
丙	5000	253.00	32	0.60	5.00

解 （1）水泥加权平均原价 $= \dfrac{248.00 \times 8000 + 252.00 \times 10000 + 253.00 \times 5000}{8000 + 10000 + 5000} = 250.83$

（元/t）

（2）加权平均运杂费

$$=\frac{(0.6\times28+6)\times8000+(0.6\times30+5.5)\times10000+(0.6\times32+5)\times5000}{8000+10000+5000}=23.4（元/t）$$

（3）运输损耗费$=(250.83+23.4)\times2\%=5.48$（元/t）

（4）采购及保管费$=(250.83+23.4+5.48)\times2.5\%=6.99$（元/t）

（5）材料检验试验费$=1.0$（元/t）

所以，42.5级袋装水泥的预算价格$=$（1）$+$（2）$+$（3）$+$（4）$+$（5）$=250.83+23.4+5.48+6.99+1.0=287.7$（元/t）。

（三）材料取定价格

材料有不同品种、规格、型号、等级。例如，水泥品种有硅酸盐水泥、普通水泥、矿渣硅酸盐水泥等；同种水泥又有不同的强度等级，同一强度等级又有不同的包装（如袋装和散装）。因此在确定材料预算价格时，必须进行调查、测算、取定，编制材料预算价格取定价，即材料取定价格。《消耗量定额价目汇总表》中的材料预算价格即材料取定价格。

材料取定价格，是将同种材料的不同预算价格根据工程上常用的不同品种、规格的数量，并结合当时当地的市场供应情况，按一定比例加权平均综合取定的价格。

确定材料取定价格时，会遇到以下两种情况：

① 材料品种规格单一，此时可取其预算价格作为取定价格，如磨砂玻璃、压花玻璃等；

② 材料品种规格繁多，此时必须加权平均，综合取定。

【例2-5】 根据表2.5所列数据，计算某地区机制黏土砖的取定价格。

表2.5 机制黏土砖预算价格

序　　号	统一砖级别	预算价格/（元/万块）
1	甲级	1878.63
2	乙级	1758.42
3	丙级	1579.37

解 按该地区定额规定的主要建筑材料取定价格标准，得知机制黏土砖按甲级65%，乙级15%，丙级20%计算。

则，某地区机制黏土砖取定价格$=1878.63\times65\%+1758.42\times15\%+1579.37\times20\%$
$$=1800.75（元/万块）$$
$$=180.08（元/千块）$$

（四）材料预算价格的动态管理

材料预算价格的动态管理就是在材料预算价格的基础上，根据市场材料价格的变化，通过对主要材料按实补差、次要材料按系数调整的方法来调整材料预算价格的一种管理方法。

建设工程材料按其在工程实体中的实物消耗量和占工程造价的价值量，分为主要材料和次要材料两大类。主要材料是指品种少、消耗量大、占工程造价比例高的建筑材料，有钢材、木材、水泥、玻璃、沥青、地材（砖、瓦、砂、石、灰），混凝土等工厂制品及各专业定额的专用材料。次要材料是指品种多、单项耗量不大、占工程造价比例小的建筑材料，如铁丝、铁钉、螺丝等材料。

（1）主要材料的材料差价调整方法 材料差价是指合同规定的施工期内，材料的市场价格与材料的预算价格之间的价格差。

主要材料采用单项材料差价调整法，即按实调整法，指由承发包双方根据市场价格变化情况，参照材料价格信息，确定材料结算价格后单项按实调整。调差公式为：

$$C_1 = (P - P_0)\omega$$

式中　C_1——单项调整的材料差价；

　　　P_0——单项材料的定额预算价格；

　　　P——承发包双方确认的材料结算价格；

　　　ω——单项材料的定额消耗量，$\omega = \sum$（分项工程单项材料定额消耗量×分项工程工程量）。

（2）次要材料的材料差价调整办法

次要材料采用综合材料差价系数调整办法，即系数调整法，指由定额管理总站按市场价格、定额分类和不同工程类别测算材料差价系数，一般每半年或一年发布一次，并规定材料差价计算方法。

次要材料的材料差价计算公式为：

$$C_2 = KV_0$$

式中　C_2——系数调整的材料差价；

　　　K——工程材料差价系数；

　　　V_0——定额材料费总价，$V_0 = \sum$（分项工程单项材料费×分项工程工程量）。

【例2-6】　计算某地区楼地面贴100m²瓷砖面层（400×400）的预算材料费。

解　查某地区装饰定额B1-64和价目汇总表材料预算价格，得到100m²瓷砖楼地面面层的材料预算费计算如表2.6所示。

表2.6　100m²瓷砖楼地面面层的预算材料费

<table>
<tr><th colspan="2">400×400瓷砖楼地面面层定额材料用量</th><th>材料预算价格</th><th>预算材料费/元</th></tr>
<tr><td rowspan="6">材料</td><td>瓷砖</td><td>106.08m²</td><td>30元/m²</td><td>106.08×30＝3182.4</td></tr>
<tr><td>水泥砂浆1:4</td><td>2.1m³</td><td>125.0元/m³</td><td>2.1×125＝262.5</td></tr>
<tr><td>素水泥浆</td><td>0.21m³</td><td>371.05元/m³</td><td>0.21×371.05＝77.92</td></tr>
<tr><td>白水泥</td><td>0.011t</td><td>550元/t</td><td>0.011×550＝6.05</td></tr>
<tr><td>锯末</td><td>0.60m³</td><td>3.93元/m³</td><td>0.6×3.93＝2.36</td></tr>
<tr><td>工程用水</td><td>2.60m³</td><td>4.9元/m³</td><td>2.6×4.9＝12.74</td></tr>
<tr><td colspan="3">总　　价</td><td>3543.97</td></tr>
</table>

【例2-7】　根据例2-6的材料消耗量，按表2.7中材料市场价格调整部分材料的价差。

解　100m²瓷砖楼地面面层主要材料价差调整，见表2.7所示。

表2.7　材料价差调整

<table>
<tr><th>材料名称</th><th>数量</th><th>定额预算价格</th><th>材料市场价格</th><th>单价差</th><th>差价/元</th></tr>
<tr><td>瓷砖</td><td>106.08m²</td><td>30元/m²</td><td>35.0元/m²</td><td>35－30＝5.0(元/m²)</td><td>106.08×5＝530.4</td></tr>
<tr><td>水泥砂浆</td><td>2.1m³</td><td>125.0元/m³</td><td>178.20元/m³</td><td>178.2－125＝53.2(元/m)</td><td>2.1×53.2＝111.72</td></tr>
<tr><td>素水泥浆</td><td>0.21m³</td><td>371.05元/m³</td><td>455.10元/m³</td><td>455.10－371.05＝84.05(元/m³)</td><td>84.05×0.21＝17.65</td></tr>
<tr><td>白水泥</td><td>0.011t</td><td>550元/t</td><td>500元/t</td><td>500－550＝－50(元/t)</td><td>－50×0.011＝－0.55</td></tr>
<tr><td colspan="5">材　差　合　计</td><td>659.22</td></tr>
</table>

三、机械台班单价的确定

机械台班单价是指施工机械在正常运转情况下，工作一个工作台班（8 小时）所应分摊和所支出的各种费用之和。

由于机械设备是一种固定资产，从成本核算的角度，其投资一般是通过折旧的方式加以回收，所以机械台班预算价格一般是在该机械折旧费（及大修费）的基础上加上相应的运行成本等费用。我国现行体制下施工机械台班预算价格由八项费用、两大类组成。

（一）第一类费用（不变费用）

第一类费用的特点是不管机械运转程度如何，都必须按所需费用分摊到每一台班中去，不因施工地点、条件的不同发生变化，是一项比较固定的经常性费用，故称"不变费用"。它包括以下几点。

（1）折旧费　指机械设备在规定的寿命期（即使用年限或耐用总台班）内，陆续收回其原值及支付利息而分摊到每一台班的费用。计算公式为

$$台班折旧费 = \frac{机械预算价格 \times (1 - 残值率) + 贷款利息}{耐用总台班}$$

其中，机械预算价格 = 机械销售价格 × (1 + 机械购置附加税) + 运杂费

【例 2-8】　6 吨自卸汽车售价为 155800 元，购置附加税为 10%，运杂费为 6000 元，残值率为 5%，耐用总台班为 2000 台班，贷款利息为 12464 元，试计算台班折旧费。

解　机械预算价格 = 155800 × (1 + 10%) + 6000 = 177380（元）

$$台班折旧费 = \frac{177380 \times (1 - 5\%) + 12464}{2000} = 90.49（元/台班）$$

（2）台班大修理费　指机械设备按规定的大修理间隔台班必须进行大修理，以恢复其正常使用功能所需的费用。计算公式为

$$台班大修理费 = \frac{一次大修理费 \times (大修理周期 - 1)}{耐用总台班}$$

（3）台班经常修理费　指机械设备在一个大修理期内的中修和定期的各种保养（包括一、二、三级保养）所需的费用。如为保障机械正常运转所需的替换设备，随机使用的工具、附件摊销和维护的费用；机械运转与日常保养所需的润滑油脂、擦拭材料（布及棉纱等）费用和机械停置期间的正常维护保养费用等。一般用经常修理费系数计算。计算公式为

$$台班经常修理费 = 台班大修理费 \times 经常修理费系数$$

（4）台班安拆费及场外运输费　安拆费指机械在施工现场进行安装、拆卸所需的人工、材料、机械和试运转费用，以及安装所需的机械辅助设施（如基础、底座、固定锚桩、行走轨道、枕木等）的折旧、搭设、拆除等费用。

场外运输费指机械整体或分件从停置地点运至施工现场，或由一工地运至另一工地（运距在 25km 以内）的运输、装卸、辅助材料以及架线等费用。计算公式为

$$台班安拆费及场外运输费 = 台班辅助设备摊销费 +$$
$$\frac{机械一次安拆费 \times 年平均安拆次数 + 一次运输费 \times 年平均运输次数}{年工作台班数}$$

（二）第二类费用（可变费用）

第二类费用的特点是只有机械作业运转时才发生，也称一次性费用或可变费用。这类费用必须按照《全国统一施工机械台班费用定额》规定的相应实物量指标分别乘以预算价格即编制地区人工日工资，材料、燃料等动力资源的价格进行计算。

（1）燃料动力费　指机械设备运转施工作业中所耗用的固体燃料（煤炭、木柴）、液体

燃料（汽油、柴油）、电力、水和风力等的费用。

（2）人工费　指机上司机、司炉及其他操作人员的基本工资和工资性的各种津贴。

（3）养路费及车船使用税　指机械按照国家有关规定应缴纳的养路费和车船使用税。

（4）保险费　指机械按照国家有关规定应缴纳的第三责任保险、车主保险费等。

【本章小结】

1. 建筑装饰工程预算分为投资估算、设计概算、施工图预算、承包合同价、竣工结算、竣工决算。

2. 建筑装饰工程预算书组成内容包括封面、编制说明、费用汇总表、工程预算表、工料分析表、材料汇总表等。

3. 建筑装饰工程预算的编制依据：①施工图纸、设计说明和标准图集；②现行预算定额及单位估价表；③施工组织设计或施工方案；④人工、材料和机械预算价格及调整规定；⑤建筑安装工程费用定额；⑥预算员工作手册及有关工具书。

4. 建筑装饰工程预算的编制方法和步骤：单价法、实物法。

5. 人工、材料、机械台班单价的确定如下。

（1）人工工日单价包括：基本工资、工资性补贴、生产工人辅助工资、职工福利费、生产工日劳动保护费。

（2）材料单价包括：材料原价、材料运杂费、场外运输损耗费、材料采购及保管费、检验试验费。

（3）机械台班使用费：折旧费、台班大修理费、台班经常修理费、安拆费及场外运输费、燃料动力费、人工费、养路费及车船使用税、保险费。

【复习思考题】

1. 建筑装饰工程预算书的组成内容有哪些？

2. 建筑装饰工程施工图预算的编制依据是什么？

3. 怎样编制建筑装饰施工图预算？

4. 怎样计算未计价材料费？

5. 怎样调整材料费价差？

6. 材料费价差有几种调整方法？如何调整？

第三章　建筑装饰工程费用

【学习内容】　本章主要介绍了建筑装饰工程费用构成、内容和计算方法。

【学习目的】　掌握建筑装饰工程费用构成及计算方法，准确计算建筑装饰工程造价。

第一节　建筑装饰工程费用构成及内容

建筑装饰工程费用是指为一项建筑装饰工程所包含的所有价值的资金表现形式。在经济活动中，建筑装饰工程是一个凝聚物质资料和人类劳动的产品，具有商品的特性。它既包含各种人工、材料、机械使用的价值，又包含工人在施工过程中创造的价值，这些价值都应在建筑装饰工程费用中体现。因此，建筑装饰工程费用应包括直接消耗于建筑装饰工程的费用、间接消耗于建筑装饰工程的费用、劳动者创造的价值（利润和税金）。

由于建筑装饰产品具有建设地点的固定性、施工的流动性、产品的单件性、施工周期长、涉及面广等特点，建设地点不同，各地人、材、机的单价不同及规费收取标准的不同，各企业管理水平不同等因素，决定了建筑产品价格必须由特殊的定价方式来确定，必须单独定价，即计价。目前我国的建筑装饰工程计价模式有两种，即定额计价模式和工程量清单计价模式，本书只对定额计价模式作介绍。

一、定额计价模式下建筑装饰工程费用的构成

定额计价模式是我国计划经济时期所采用的行之有效的计价模式，其中的人工、材料、机械定额消耗量以及人工单价、材料预算价格、各种周转性材料摊销、费用及利润的标准等均由建设行政主管部门根据以往的历史经验数据制定，在目前我国的招投标活动中还占有不可或缺的地位。

定额计价的基本方法就是"单位估价表"，即根据国家或地方颁布的统一预算定额规定的消耗量及其计价，以及配套的取费标准和材料预算价格，计算出工程造价。

根据原建设部、财政部 2003 年 10 月 15 日联合颁发的关于印发《建筑安装项目组成》的通知，我国现行建筑装饰工程费用由直接费、间接费、利润和税金四部分构成。具体构成如图 3-1 所示。

二、建筑装饰工程费用的内容

（一）直接费

直接费由直接工程费和措施费组成。

1. 直接工程费

直接工程费是指施工过程中消耗的构成工程实体的各项费用，包括人工费、材料费、施工机械使用费。

2. 措施费

措施费是指为完成工程项目施工，发生于该工程施工前和施工过程中技术、生活、安全等方面非工程实体项目的费用。一般包括以下内容。

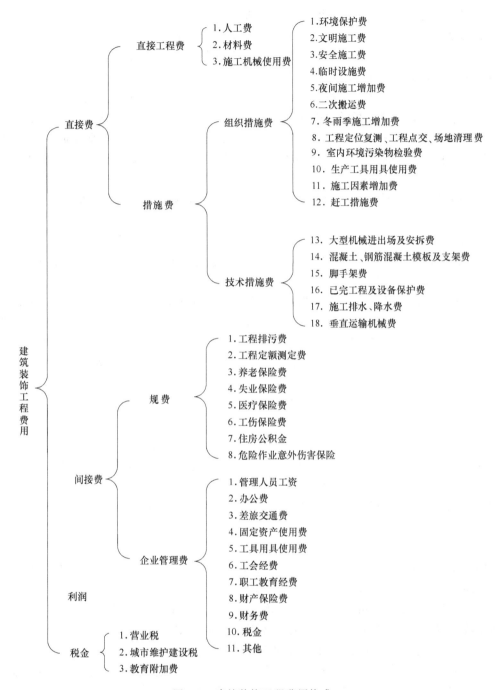

图 3-1　建筑装饰工程费用构成

（1）环境保护费　指施工现场为达到环保部门要求所需要的各项费用。

（2）文明施工费　指施工现场文明施工所需要的各项费用。

（3）安全施工费　指施工现场安全施工所需要的各项费用。

（4）临时设施费　指施工企业为进行建筑工程施工所必须搭设的生活和生产用的临时建筑物、构筑物和其他临时设施费用等。

临时设施包括：临时宿舍、文化福利及公用事业房屋与构筑物、仓库、办公室、加工厂以及规定范围内道路、水、电、管线等临时设施和小型临时设施。

临时设施费用包括：临时设施的搭设、维修、拆除费或摊销费。

(5) 夜间施工增加费　指因夜间施工所发生的夜班补助费、夜间施工降效、夜间施工照明设备摊销及照明用电等费用。

(6) 二次搬运费　指因施工场地狭小等特殊情况而发生的二次搬运费用。

(7) 大型机械设备进出场及安拆费　指机械整体或分体自停放场地运至施工现场或由一个施工地点运至另一个施工地点，所发生的机械进出场运输费用及机械在施工现场进行安装、拆卸所需的人工费、材料费、机械费、试运转费和安装所需的辅助设施的费用。

(8) 脚手架费　指施工需要的各种脚手架搭、拆、运输费用及脚手架的摊销（或租赁）费用。

(9) 已完工程及设备保护费　指竣工验收前，对已完工程及设备进行保护所需费用。

(10) 室内空气污染检验费　指竣工验收前，对已完工程范围室内空气进行测试所需费用，以确定空气的污染程度。

(11) 冬雨季施工增加费　指按照施工及验收规范所规定的冬雨季施工要求，为保证冬雨季施工期间的工程质量和安全生产所需要增加的费用，包括冬雨季施工增加的工序、人工降效、机械降效、防雨、保温、加热等施工措施费用。不包括冬季施工需要提高混凝土和砂浆强度等级所增加的费用及特殊工程采取蒸汽养护法、电加热法和暖棚法施工增加的设施费用。

(12) 工程定位复测、工程点交、场地清理费　指开工前测量、定位、钉龙门板桩及经规划部门派员复测的费用；办理竣工验收、进行工程点交的费用；以及竣工后室内清扫、场地清理所发生的费用。该项费用的计算一般采用综合费率的形式计取。

(13) 施工因素增加费　指具有市政工程特点，但又不属于临时设施的范围，并在施工前能预见到发生的因素而增加的费用。包括地下管道的勾头、交叉处理与恢复措施，边施工、边维持交通秩序的措施费等。此项费用只适用市政工程，一般也采用综合费率的形式计取。

(14) 生产工具用具使用费　指施工生产所需的不属于固定资产的生产工具及检验用具等的购置、摊销和维修费，以及支付给工人自备工具的补贴费。生产工具用具使用费费率的计算公式可参照冬雨季施工增加费费率的计算公式。

(15) 赶工措施费　指由于建设单位原因，要求施工工期少于合理工期，施工单位为满足工期的要求而采取相应的措施所发生的费用。此项费用发生时，可按照实际发生的人、材、机数量乘以造价管理部门发布的信息指导价计算。

(16) 混凝土、钢筋混凝土模板及支架费　指混凝土施工过程中需要的各种钢模板、木模板、支架等的支、拆、运输费用及模板、支架的摊销（或租赁）费用。

(17) 施工排水、降水费　指为确保工程在正常条件下施工，采取各种排水、降水措施所发生的费用。

(18) 垂直运输机械费　指施工需要的各种垂直运输机械的台班费用。

通用项目的措施费按其性质不同，分为技术措施费和组织措施费。在图 3-1 中，措施费中的第 1～12 项属组织措施，在费用定额中一般以费率形式出现；第 13～18 项属技术措施，一般根据拟建工程的具体施工组织设计情况和相关的消耗量定额（或企业定额）确定。

（二）间接费

间接费由规费、企业管理费组成。

1. 规费

规费是指政府和有关权力部门规定必须缴纳的费用。包括以下内容。

（1）工程排污费 指施工现场按规定缴纳的工程排污费。

（2）工程定额测定费 指按规定支付工程造价（定额）管理部门的定额测定费。

（3）社会保障费 包含以下三部分。

①养老保险费：指企业按规定标准为职工缴纳的基本养老保险费。

②失业保险费：指企业按照国家规定标准为职工缴纳的失业保险费。

③医疗保险费：指企业按照规定标准为职工缴纳的基本医疗保险费。

（4）住房公积金 指企业按规定标准为职工缴纳的住房公积金。

（5）危险作业意外伤害保险 指按照建筑法规定，企业为从事危险作业的建筑安装施工人员支付的意外伤害保险费。

2. 企业管理费

企业管理费是指建筑安装企业组织施工生产和经营管理所需费用。包括以下内容。

（1）管理人员工资 指管理人员的基本工资、工资性补贴、职工福利费、劳动保护费等。

（2）办公费 指企业管理办公用的文具、纸张、账表、印刷、邮电、书报、会议、水电、烧水和集体取暖（包括现场临时宿舍取暖）用煤等费用。

（3）差旅交通费 指职工因公出差、调动工作的差旅费、住勤补助费，市内交通费和误餐补助费，职工探亲路费，劳动力招募费，职工离退休、退职一次性路费，工伤人员就医路费，工地转移费以及管理部门使用的交通工具的油料、燃料、养路费及牌照费。

（4）固定资产使用费 指管理和试验部门及附属生产单位使用的属于固定资产的房屋、设备仪器等的折旧、大修、维修或租赁费。

（5）工具用具使用费 指管理使用的不属于固定资产的生产工具、器具、家具、交通工具和检验、试验、测绘、消防用具等的购置、维修和摊销费。

（6）劳动保险费 指由企业支付离退休职工的易地安家补助费、职工退职金、六个月以上的病假人员工资、职工死亡丧葬补助费、抚恤费、按规定支付给离休干部的各项经费。

（7）工会经费 指企业按职工工资总额计提的工会经费。

（8）职工教育经费 指企业为职工学习先进技术和提高文化水平，按职工工资总额计提的费用。

（9）财产保险费 指施工管理用财产、车辆保险。

（10）财务费 指企业为筹集资金而发生的各种费用。

（11）税金 指企业按规定缴纳的房产税、车船使用税、土地使用税、印花税等。

（12）其他 包括技术转让费、技术开发费、业务招待费、绿化费、广告费、公证费、法律顾问费、审计费、咨询费等。

（三）利润

利润是指施工企业完成所承包工程获得的盈利。

（四）税金

税金是指国家税法规定的应计入建筑安装工程造价内的营业税、城市维护建设税及教育费附加等。

第二节　建筑装饰工程费用计算

一、建筑装饰工程费用计算的原则

建筑装饰工程费用计算是编制工程预算的重要环节，因此费用计算的合理性和准确性直接关系到工程造价的精确性。由于受到社会、技术、经济的影响和制约，在不同地区、不同时间、对于不同性质的装饰工程费用计算会有一定差别。为合理地计算出建筑装饰工程全过程的费用，在计算时应贯彻以下原则。

1. 符合社会平均水平原则

建筑装饰工程费用计算应按照社会必要劳动量确定，一方面要及时准确地反映企业技术和施工管理水平，有利于促进企业管理水平不断提高，降低费用支出；另一方面，应考虑人工、材料、机械费用的变化会影响建筑装饰工程费用构成中有关费用支出发生变化的因素。

2. 实事求是、简明适用原则

计算费用时，应在尽可能地反映实际消耗水平的前提下，做到形式简明，方便适用。要结合工程的具体技术经济特点，进行认真分析，按照国家有关部门规定的统一费用项目划分，制订相应费率，且与不同类型的工程和企业承担工程的范围相适应。

3. 贯彻灵活性和准确性相结合的原则

在建筑装饰工程费用的计算过程中，一定要充分考虑可能对工程造价造成影响的各种因素进行定性、定量的分析研究后制定出合理的费用标准。

二、建筑装饰工程费用计算的程序

建筑装饰工程费用之间存在着密切的内在联系，费用计算必须按照一定的程序进行，避免重项和漏项，做到计算清晰、结果准确。

为使读者更好地理解掌握本章内容，将原建设部颁布第 107 号部令《建筑工程施工发包与承包计价管理办法》规定中的建筑装饰工程费用组成及计算程序列出，如表 3.1 所示。

表 3.1　建筑装饰费用计算程序表

序　号	费用项目	计算方法	备　注
1	直接工程费	按预算表	
2	措施费	按规定标准计算	
3	直接费小计	[1+2]	
4	间接费	[3]×相应费率	根据原建设部第 107 号部令《建筑工程施工发包与承包计价管理办法》的规定确定
5	利润	[3+4]×相应利润率	
6	税金	[3+4+5]×税率	
7	工程造价	[3+4+5+6]	

三、建筑装饰工程费用计算的方法

建筑装饰工程费用计算如表 3.2 所示。

表 3.2　建筑装饰工程预算费用计算表

费用构成	费用项目		参考计算方法
直接费	直接工程费	人工费	Σ（分项工程工程量×相应预算定额基价中的人工费）
		材料费	Σ（分项工程工程量×相应预算定额基价中的材料费）＋材料检验试验费
		机械费	Σ（分项工程工程量×相应预算定额基价中的机械使用费）
	措施费		按规定标准计算
间接费	规费、企业管理费		直接费×间接费率
利润	利润		（直接费＋间接费）×利润率
税金	营业税、城乡维护建设税、教育费附加		（直接费＋间接费＋利润）×费率
造价			直接费＋间接费＋利润＋税金

表 3.2 中，措施费、间接费、利润等费用内容和开支大小因工程规模、技术难易、施工场地、工期长短及企业资质等级等条件而异。目前，我国各地工程造价主管部门依据工程规模大小、技术难易程度、工期长短等划分不同工程类别，确定相应的取费标准，并以此计算费用。随着工程计价改革不断深入和工程量清单计价规范的实施，政府工程造价主管部门，将逐步以年度市场价格水平，分别制定具有上、下限幅度的指导性费率，供确定建设项目投资、编制招标工程标底和投标报价参考，具体费率的确定应由企业根据其自身情况和工程特点来确定。

（一）直接费

直接费由直接工程费和措施费组成。

1. 直接工程费的计算

直接工程费＝人工费＋材料费＋施工机械使用费

式中，人工费＝Σ（分项工程工程量×相应预算定额基价中的人工费）

材料费＝Σ（分项工程工程量×相应预算定额基价中的材料费）＋材料检验试验费

施工机械使用费＝Σ（分项工程工程量×相应预算定额基价中的机械使用费）

【例 3-1】　某会客室装饰工程，地面铺金雪花白大理石板 68.5m²。计算该分项工程的直接工程费及其人工费、材料费和机械费。

解　查价目汇总表，套 B1-24 子目，见表 3.3 所示。

表 3.3　某地区《装饰装修工程消耗量定额价目汇总表》B1-24 子目

定额编号	定额名称	单位	基价	其　中		
				人工费	材料费	机械费
B1-24	大理石，水泥砂浆粘贴楼地面	100m²	14725.02 元	918.9 元	13806.12 元	0

根据公式，得

人工费＝68.5÷100×918.9＝629.45（元）

材料费＝68.5÷100×（13806.12×1.002）＝9476.11（元）

机械费＝0（元）

直接工程费＝629.45＋9476.11＋0＝10105.56（元）

2. 措施费的计算

其他措施费应根据工程的具体情况来确定，以下只列出建筑装饰工程中通用措施费项目的计算方法。

(1) 环境保护费　环境保护费＝直接工程费×环境保护费费率（％）

$$环境保护费费率（％）＝\frac{本项费用年度平均支出}{全年建安产值×直接工程费占总造价比例}$$

(2) 文明施工费　文明施工费＝直接工程费×文明施工费费率（％）

$$文明施工费费率（％）＝\frac{本项费用年度平均支出}{全年建安产值×直接工程费占总造价比例}$$

(3) 安全施工费　安全施工费＝直接工程费×安全施工费费率（％）

$$安全施工费费率（％）＝\frac{本项费用年度平均支出}{全年建安产值×直接工程费占总造价比例}$$

(4) 临时设施费　临时设施费由周转使用临建（如建活动房屋）、一次性使用临建（如建简易建筑）以及其他临时设施（如设临时管线）三部分费用组成。

临时设施费＝（周转使用临建费＋一次性使用临建费）×[1＋其他临时设施所占比例（％）]

其中：

① 周转使用临建费＝$\sum\left[\dfrac{临建面积×每平方米造价}{使用年限×365×利用率}×工期（天）\right]＋$一次性拆除费

② 一次性使用临建费＝$\sum$临建面积×每平方米造价×[1－残值率（％）]＋一次性拆除费

③ 其他临时设施在临时设施费中所占比例，可由各地区造价管理部门依据典型施工企业的成本资料经分析后综合测定。

(5) 夜间施工增加费　夜间施工增加费＝$\left(1-\dfrac{合同工期}{定额工期}\right)×\dfrac{直接工程费中的人工费合计}{平均日工资单价}×$每工日夜间施工费开支

(6) 二次搬运费　二次搬运费＝直接工程费×二次搬运费费率（％）

$$二次搬运费费率（％）＝\frac{年平均二次搬运费开支额}{全年建安产值×直接工程费占总造价比例（％）}$$

(7) 大型机械进出场及安拆费

$$大型机械进出场及安拆费＝\frac{一次进出场及安拆费×年平均安拆次数}{年工作台班}$$

(8) 脚手架搭拆费　脚手架搭拆费分以下两种情况计算。

① 如果施工单位自己购置脚手架，则：

$$脚手架搭拆费＝脚手架摊销量×脚手架价格＋搭、拆、运输费$$

$$脚手架摊销量＝\frac{单位一次使用量×（1－残值率）}{耐用期÷一次使用期}$$

② 如果施工单位向外租赁脚手架，则：

脚手架搭拆费＝脚手架每日租金×搭设周期＋搭、拆、运输费

(9) 已完工程及设备保护费　已完工程及设备保护费＝成品保护所需机械费＋材料费＋人工费

(10) 室内空气污染测试　室内空气污染测试＝测试面积×每平方米测试费用

【例3-2】 某办公楼室内装饰工程的直接工程费为902665元，已知该地区环境保护费费率，安全、文明施工费费率，二次搬运费费率如表3.4所示。该工程临时设施费为6230元，脚手架搭拆费8580元，已完工程成品保护费2500元，夜间施工增加费为7865元，试确定该工程的措施费。

表 3.4　某地区装饰工程有关费用费率

序　号	费用名称	计算基础	费率/%
（1）	环境保护费	直接工程费	0.5
（2）	安全、文明施工费	直接工程费	1.25
（3）	二次搬运费	直接工程费	1.05

解　根据施工费计算公式，列表计算该工程措施费（如表3.5所示）。

表 3.5　某工程措施费计算表

序号	费用名称	计算公式	费率/%	金额/元
（1）	直接工程费			902665
（2）	环境保护费	直接工程费×费率	0.5	4513.33
（3）	安全、文明施工费	直接工程费×费率	1.25	11283.31
（4）	二次搬运费	直接工程费×费率	1.05	9477.98
（5）	临时设施费			6230
（6）	脚手架搭拆费			8580
（7）	已完工程成品保护费			2500
（8）	夜间施工增加费			7865
（9）	措施费	（2）+（3）+（4）+（5）+（6）+（7）+（8）		50449.62

（二）间接费计算

建筑装饰工程间接费以直接费为计算基础。

间接费＝直接费×间接费费率

间接费费率测算时，要注意其包含两部分，即规费费率和企业管理费费率。

1. 规费费率的计算

建筑装饰工程规费费率根据本地区典型工程发承包价的分析资料来综合取定，以规费计算中每万元发承包价中所含规费缴纳标准的各项基数进行计算。

则

$$规费费率(\%)=\frac{\sum 规费缴纳标准×每万元发承包价计算基数}{每万元发承包价中的人工费含量}×100\%$$

2. 企业管理费费率

$$企业管理费费率(\%)=\frac{生产工人年平均管理费}{年有效天数×人工单价}×100\%$$

【例3-3】 依据例3-2的条件，若该工程间接费率为15.59%，试计算工程的间接费。

解　根据公式，有

间接费＝（902665＋50449.62）×15.59％＝148590.57(元)

（三）利润

建筑装饰工程中利润的计算公式如下：

$$利润＝（直接费＋间接费）×利润率$$

【例 3-4】 依据例 3-1 的条件，若该工程利润率为 6.5％，试计算工程的利润。

解 根据公式，得

$$利润＝（902665＋50449.62＋148590.57）×6.5％＝71610.84（元）$$

（四）税金

$$税金＝（直接费＋间接费＋利润）×税率（％）$$

其中，税率有以下几种情况。

① 纳税地点在市区的企业

$$税率（％）＝\frac{1}{1-3\%-（3\%×7\%）-（3\%×3\%）}-1$$

② 纳税地点在县城、镇的企业

$$税率（％）＝\frac{1}{1-3\%-（3\%×5\%）-（3\%×3\%）}-1$$

③ 纳税地点不在市区、县城、镇的企业

$$税率（％）＝\frac{1}{1-3\%-（3\%×1\%）-（3\%×3\%）}-1$$

【例 3-5】 依据例 3-2、例 3-3、例 3-4 的条件，若该工程所在地为市区，试计算工程的税金。

解 （1）根据公式，得

$$税率（％）＝\frac{1}{1-3\%-（3\%×7\%）-（3\%×3\%）}-1=3.413\%$$

（2）根据公式，得

$$税金＝（902665＋50449.62＋148590.57＋71610.84）×3.413\%＝40045.28（元）$$

【本章小结】

1. 建筑装饰工程费用由直接费、间接费、利润、税金组成。其中直接费包括直接工程费和措施费等。

2. 直接工程费是指直接消耗在建筑装饰工程施工过程中的人工、材料、机械的费用总称，它是建筑装饰工程费用中的一项基本费用。

3. 能熟练掌握建筑装饰工程费用的计算。

【复习思考题】

1. 试述建筑装饰工程预算费用的组成。

2. 简述在建筑装饰工程费用计算过程中，各项费用的计费基础。

3. 直接费与直接工程费有什么区别？

4. 什么情况下要调整材料价差？

5. 如何确定材料单价？

6. 措施费包括什么内容，如何计算？

7. 间接费包括什么内容，如何计算？

第四章　建筑装饰工程预算审查

【学习内容】　本章主要介绍建筑装饰工程预算审查的概念、作用、原则、依据、方法、预算审查的类型和步骤。

【学习目的】　掌握预算审查的方式、方法；掌握工程量审查和费用审查。

第一节　概　　述

一、审查的概念

装饰工程预算的审查，其含义就是按照相应的法律法规结合现行有效的计算规则和取费方式对已编制好的装饰工程预算进行审核查实，以确定装饰工程预算的合理性。审查的目的在于合理确定装饰工程造价，及时发现预算中可能存在的高估冒算、套取建设资金、丢项漏算、有意压低工程造价等问题；切实保证施工企业收入合理合法，建设单位工程投资使用合理，避免浪费；促进施工企业加强自身管理，向质量、技术、工期、成本控制要效益。

二、审查的意义和作用

装饰工程预算是装饰工程建设招投标、合同签订、施工、办理结算的重要文件，它的编制准确程度不仅直接关系到建设单位和施工单位的经济利益，同时也关系到装饰工程的经济合理性，因此对装饰工程预算进行审查是确保预算造价的准确程度的重要环节，具有十分重要的意义，具体如下。

① 能够合理确定装饰工程造价。

② 能够为签订工程承发包合同的当事人或参与招投标的单位提供可靠的参考依据，恰当合理地平衡各方的经济利益。

③ 能够为银行提供拨付工程进度款、办理工程价款结算的可靠依据。

④ 能够为建设单位、监理单位进行造价控制、合同管理、资金筹备、材料采购等工作提供依据。

⑤ 能够为施工单位进行成本核算与控制、施工方案的编制与优化、施工过程中的材料采购、内部结算与造价控制提供依据。

三、审查的原则及依据

1. 审查的原则

如前所述，装饰工程预算审查有其重要的意义，因此在审查过程中一定要坚持一定的原则，才能保证其意义的实现，否则不但起不了实际的意义，反而还会为工程各方提供错误的决策信息，以致造成较大的经济损失。因此，加强和遵循审核的原则性是装饰工程预算审核的一个非常重要的前提，归纳起来有以下三条原则。

（1）参与审核装饰工程预算的人员必须坚持实事求是的原则　审查装饰工程预算的主要内容是审核工程预算造价，因此在审查过程中要结合国家的有关政策和法律规定、相关的图纸和技术经济资料按照一定的审核方法逐项合理地核实其预算工程量和造价等内容，不论是多估冒算还是少算漏项应一一如实调整，遵循实事求是的原则，并结合施工现场条件、相关的技术措施恰当地计算有关费用。

（2）坚持清正廉洁的作风　审查人员应从国家的利益出发，站在维护建设方、施工方合法利益的角度，按照国家有关装饰材料的性能和质量要求，来合理确定所用材料的质量和价格。

（3）坚持科学的工作态度　目前因装饰工程材料和工艺的变化较大，一时间还没有相应完整的配套标准，造成了装饰工程定额的缺口还较多。如遇定额缺项，必须坚持科学的工作态度，以施工图为基础并结合相应施工工艺，对项目进行分解，按不同的劳动分工、不同的工艺特点和复杂程度区分和认识施工过程的性质和内容，研究工时和材料消耗的特点，经过综合分析和计算，确定合理的工程单项造价。

2. 审查的依据

为了使审核工作做到有根有据，装饰工程预算的审查依据通常包括以下几方面。

① 国家或地方现行规定的各项方针、政策、法律法规。

② 建设方、施工方双向认可并经审核的施工图纸及附属文件。

③ 工程承包合同或相关招标资料。

④ 现行装饰工程预算定额及相关规定。

⑤ 各种经济信息，如装饰材料的动态价格、造价信息等资料。

⑥ 各类工程变更和经济洽商。

⑦ 拟采用的施工方案、现场地形及环境资料。

四、审查的方式与方法

装饰工程预算的审查方式与方法大致与建筑、安装等专业工程的预算审查方法相同，其不同点主要在于装饰工程预算的预算规则、项目划分、材料价格和工艺方法更加详细和多样化，同时新材料、新工艺的应用更频繁、定额缺项较多。

1. 审查方式

根据预算编制单位和审查部门的不同，一般有以下三种方式。

（1）单独审查　指编制单位经过自审后，将预算文件交给建设单位进行审核，建设单位依靠自有的技术力量进行审查后，对审查中发现的问题，经与施工单位交换意见后协商解决。

（2）委托审查　指因建设单位自身审查力量不足而难以完成审查任务，委托具有审查资质的咨询部门代其进行审查，并与施工单位交换意见，协商定案。

（3）联合审查　指工程装饰规模大，且装饰工艺复杂，设计变更和现场签证较多，造价高的工程预算，因采用单独审查或委托审查比较困难，所以采用设计、建设、施工等单位和工程造价咨询单位一起审查的方式。此方式定案时间短、效率高，但组织工作较麻烦。

2. 审查方法

（1）全面审查法　也称逐项审查法。顾名思义即按装饰工程预算的构成内容，从工程量、定额套用、费用计取等方面，逐项进行审查。其实质是对装饰工程预算的编制全过程进行复核，此法审查质量高，十分准确，但效率低、费时费力。

（2）重点审查法　指依据平时积累资料和经验，对被送审的装饰工程预算进行重点项目重点分析、审查的方法。重点审查法是预算审查中最常用的一种方法，它与全面审查法相比能节约审查时间，审查效率高，质量基本能保证；但由于审查的项目是有选择性的，故不容易选准项目，从而造成较大的误差。这种方法审查的重点应放在以下几点。

① 计算规则容易混淆的项目工程量，防止错用计量单位或张冠李戴。

② 对于容易多次套用定额项目和高估冒算的项目应注意防止重复列项和漏项的现象发生。

③ 限制使用范围的项目，防止任意扩大使用范围而造成高取费用的现象发生。

④ 定额缺项和报价不合理的项目，防止乱报价和脱离现行规定的组价、暂估价、参考价发生。

⑤ 价值比较高的项目。

（3）分析对比审查法　指采用长期积累的经验指标对照送审预算进行比较的审查方法。其特点是速度快，质量基本能得到保证。

第二节　建筑装饰工程预算审查

建筑装饰工程预算审查的内容按组成预算书的格式可分为工程量审查、分项工程单价审查、费用审查三部分。

一、工程量审查

1. 工程量审查的方法

工程量审查主要是指对送审预算的工程量进行核查，根据不同的审查方法对工程量采取不同的审查方法，可按如下方法进行。

（1）全面审查法　当采用全面审查法进行审查时，需要对送审预算的工程量按照相关规则进行重新计算汇总，再与送审工程量进行对比调整。

（2）重点审查法　当采用重点审查法进行审查时，需要有重点地选择一些工程量大、价格高、容易出错的项目进行审查，而其他项目则不予重点考虑。采用这种方法的前提是审查者应具备比较丰富的实际经验和与之类似工程的相关数据，不然在选择审查项目时很难准确地把握好。

（3）分析对比审查法　分析对比审查法重点是将要审核的装饰预算书的各种工程量按照各种计算分摊出的造价指标与之相类似的工程的造价指标进行对比分析，找出差异较大的子目再进行单独计算。此种方法最简便，审查质量基本能保证，因此在实际操作中，分析对比审查法往往与重点审查法结合使用。

2. 注意事项

工程量审查中应注意以下几点。

① 装饰装修工程不同于土建工程，具有工艺复杂、材料品种繁多、施工方法多变、艺术效果强烈等特点，因此在进行工程量审查前，一定要熟悉图纸、看懂图纸，装饰工程具有工艺造型复杂、艺术效果强烈等特点，必须看懂施工图的点、线、面、造型、材料、工艺，充分理解设计师的设计意图及要达到的装饰效果。一般施工图包含以下几个部分：平面布置图、结构改造定位图、天花图、立面图、剖面图、节点图、水、电、气施工图等，必须了解每一部位的工艺措施及相互关系。按照定额项目划分要求进行列项计算。

② 现行有效定额的各种消耗指标或单价是按照社会平均施工水平和常规施工工艺编制的，因装饰工程的工程材料、施工工艺变化较大，同时工艺也较土建工程复杂，在施工过程中往往会增加一些必要的措施，而这笔措施费用定额往往很难考虑周全，所以在进行工程审查计算时要将这些措施项目列入计算。

③ 按照定额项目划分要求进行列项计算时，应结合工艺特点进行划分。如陶瓷地砖楼

地面按地砖规格不同分别列项，门窗刷油漆按不同种类分别乘以不同的系数。这一点要求审查者一定要对定额的划分标准非常熟悉。

④ 现行有效定额虽然经过不断补充修编，在一定程度上可以满足一般装修项目的预算报价，但远远跟不上市场的发展，定额缺项较多，需新编定额子目。新编定额子目的划分一定要按照科学方法进行，一般是以一道工序为一个分项子目。

二、分项工程量单价的审查

1. 分项工程单价审查的方法

分项工程单价审查是指对送审预算书的工程计价表的定额子目套取、定额材料单价和各种汇总费用进行审查。主要有以下两种审查方法。

(1) 全面审查法　当采用全面审查法进行审查时，需要对送审预算的工程计价表的定额子目套取和定额单价按照相关规则和当期市场价格或甲乙双方约定的价格进行重新套取，再与送审工程量进行对比调整。在审查过程中还需把握好定额换算和定额缺项的补充计价，现实中因预算软件的广泛使用，在进行定额套取过程中，往往采用预算软件进行定额套取和价格选取，从而大大节约了审查时间，同时准确度也最高，因此这种方法也是人们常常采用的审查方法。

(2) 重点审查法　当采用重点审查法进行审查时，需要有重点地选择一些工程量大、价格高、容易出错的项目进行审查，而其他项目则不予重点考虑。重点选取的审查项目应与工程量审查中的重点选取审查项目相对应。因分项工程单价审查的结果对预算实际造价影响较大，审查时间比工程量的审查时间短，且重点审查法不如全面审查法的准确度高，所以现实中人们很少采用，只有在套取工程定额子目较多、无相关预算软件、对审查准确度要求不是很高且时间紧迫的情况下才采用。

2. 注意事项

分项工程单价审查中应注意以下几点。

① 装饰工程材料成千上万，主材占总造价的比例已高达60%～70%，而主材的产地、厂家、规格、型号不同，价格也相差甚远。例如600mm×600mm耐磨抛光地砖，不同的厂家、品牌、等级，价格在10.00～30.00元/块不等，同样是西米黄大理石，600mm×900mm的要比600mm×600mm的规格板贵很多，颜色、等级不同，价格也不一样；在审查过程中，一定要明确主材的样板或产地、厂家、规格、型号。

② 定额换算时应注意部分定额子目只换算材料型号、价格，而有些定额子目则人工、材料、机械都要跟着换算。

③ 因定额缺项需新增编定额分项子目时，一定要按照现行施工社会平均水平的消耗标准进行编制，新增措施项目也要按照实事求是的原则确定具体消耗标准，确定措施项目的前提是该项措施是经审核过的最优方案，即技术可行、经济合理、满足工期等要求。

三、费用审查

费用审查是指对送审预算的工程取费表的取费程序和依据进行审查。费用审查需注意以下几点。

① 因目前全国各个省市所选取的定额和计费程序不尽相同，部分省市内甚至还存在地区调差系数和造价调整系数，所以在审查取费程序和计价依据时一定要结合当地实际情况进行审查。

② 装饰工程过程中往往直接购买了不少部件的成品或半成品，如门窗、箱柜、厨厕部件等，这些部件的费用往往是包含了安装、运输等费用，这笔费用不再进行定额套取和计

价，直接进入工程取费表中收取税金及当地的规费，如果不是同一单位承包施工，还应计算配合费用。

③ 一切以合同和招标文书为依据，对于招标工程的取费依据必须按照招标方的招标文书要求进行取费计算，对于直接发包工程的取费依据必须按照甲乙双方签订的工程合同的要求进行取费计算，不能直接以当地的取费规则、工程类别、材料价格等进行取费计算。

第三节　建筑装饰工程预算审查步骤

建筑装饰工程预算审查按照以下三个步骤进行。

一、准备工作

建筑装饰工程预算审查的准备工作可按以下几点进行。

① 熟悉送审预算和与之相关的施工图纸、承发包签订的合同或招标文书、材料价格、施工方案或施工组织设计。

② 根据投资规模和送审预算价值及审查期限选择适当的审查方法。

③ 深入施工现场调查研究，掌握施工现场情况、技术变更及生产条件等资料，使预算审查工作符合国家规定又不脱离工程实际施工情况。

④ 与建设单位或监理单位进行核实和明确与送审预算相关的施工图纸、承发包签订的合同或招标文书、材料价格、施工方案或施工组织设计。

二、审查核对

建筑装饰工程预算审查核对工作是审查的重点，可按以下几点进行。

① 按照提供的施工的图纸、技术变更、施工方案或措施结合当地现行预算规则进行项目划分和计算工程量。

② 按照定额规则划分标准对已计算出的工程量进行汇总统计。

③ 按汇总的工程量分别套取定额、采集材料价格进行单价计算，并汇总直接费、人工费、材料费、机械费，统计主要材料用量。

④ 按照合同或招标文书、当地取费规则进行取费计算。

⑤ 汇总各单位工程造价。

三、审查定案

审查定案是审查的最后过程，也是确定造价的决定性工作，它关系到建设方、施工方的各自利益，因此其定案过程往往也较麻烦。根据不同的审查目的大致有以下几点工作。

① 与送审单位和有关部门交换审查意见，对预算中有出入和争议的地方找出合理合法的解决办法。

② 对合同或相关书面资料有不同理解方式的内容逐一进行明确，并形成书面资料。

③ 通过与各方人员协商后形成审定的结果由审查单位形成文件，并由各方签收认可。

④ 审查单位还应就审查的工程进行备案，以备核查。

【本章小结】

1. 装饰工程预算的审查是按照相应的法律法规结合现行有效的计算规则和取费方式对已编制好的装饰工程预算进行审核查实，以确定装饰工程预算的合理性。

2. 装饰工程预算进行审查是确保预算造价的准确程度的重要环节，具有十分重要的意义，具体如下。

① 能够合理确定装饰工程造价。

② 能够为签订工程承发包合同的当事人或参与招投标的单位提供可靠的参考依据,恰当合理地平衡各方的经济利益。

③ 能够为银行提供拨付工程进度款、办理工程价款结算的可靠依据。

④ 能够为建设单位、监理单位进行造价控制、合同管理、资金筹备、材料采购等工作提供依据。

⑤ 能够为施工单位进行成本核算与控制、施工方案的编制与优化、施工过程中的材料采购、内部结算与造价控制提供依据。

3. 审查的原则

① 参与审核装饰工程预算的人员必须坚持实事求是的原则。

② 坚持清正廉洁的作风。

③ 坚持科学的工作态度。

4. 预算审查的内容包括:工程量审查、分项工程量单价的审查、费用的审查。

5. 审查的程序包括准备、核对、定案三个步骤。

6. 审查的方式与方法

(1) 审查的方式　单独审查、委托会审、会审。

(2) 审查的方法　全面审查法、重点审查法、分析对比审查法。

【复习思考题】

1. 为什么要对建筑装饰工程预算进行审查?

2. 审查的原则和依据是什么?

3. 建筑装饰工程预算的审查方式与方法分别有哪几种?

4. 怎样进行建筑装饰工程预算的审查?

第五章　建筑装饰工程结算

【学习内容】　本章主要介绍工程结算的概念、意义、结算种类和计算方法。
【学习目的】　熟悉各种结算方法，能综合应用各种结算方式进行工程结算。

第一节　概　　述

一、工程结算的概念

工程结算亦称工程价款结算，所谓工程结算是指承包商在工程实施过程中，依据承包合同中关于付款条款的规定和已经完成的工程量，并按照规定的程序向建设单位（业主）收取工程价款的一项经济活动。

建筑装饰产品的定价过程（或装饰工程造价），是一个具有个别性、动态性、层次性等特征的动态定价过程。由于生产建筑装饰产品的施工周期长，人工、建筑材料和资金耗用量巨大，在施工实施的过程中为了合理补偿工程承包商的生产资金，通常将已完成的部分施工作业量作为"假定的合格建筑装饰产品"，按有关文件规定或合同约定的结算方式结算工程价款并按规定时间和额度支付给工程承包商，这种行为通常称为工程结算。

通过工程结算确定的款项称为结算工程价款，俗称工程进度款。对于一些工程规模大、工期长的工程，其工程结算在整个施工的实施过程中要进行多次，直到工程项目全部竣工并验收，再进行最终产品的工程竣工结算。而一些规模较小或工期较短的工程，往往只进行一次工程结算，即工程竣工结算，最终的工程竣工结算价才是承发包双方认可的建筑产品的市场价格，也就是最终产品的工程造价。

按现行规定，将"假定的合格建筑装饰产品"作为结算依据。"假定产品"一般是指完成预算定额规定的全部工序的分部分项工程。凡是没有完成预算定额所规定的工程内容及相应工作量的，不允许办理工程结算。对工期短、预算造价低的工程，可在竣工后办理一次结算，若要办理中间结算，视工程性质不同，其中间结算累计额或付款额也不尽相同，一般不应超过承包合同价的95％，留5％尾款在竣工结算后处理，或作为质保金在质量保修期结束后支付。

二、工程结算的重要意义

工程结算是工程项目承包中的一项十分重要的工作，主要表现在以下几点。

① 工程结算是反映工程进度的主要指标。在施工过程中，工程价款的结算的依据之一就是按照已完成的工程量进行结算，也就是说，承包商完成的工程量越多，所应结算的工程价款就应越多，所以，根据累计结算的工程价款占合同总价款的比例，能够近似地反映出工程的进度情况，有利于准确掌握工程进度。

② 工程结算是加速资金周转的重要环节。承包商能够尽快尽早地结算回工程价款，有利于偿还债务，也有利于资金的回笼，降低内部运营成本。通过加速资金周转，提高资金使用的有效性。

③ 工程结算是考核经济效益的重要指标。对于承包商来说，只有工程价款如数地结算，才意味着完成了"惊险一跳"，避免了经营风险，承包商也才能够获得相应的利润，进而达到良好的经济效益。

三、工程价款的主要结算方式

我国现行工程价款结算根据不同情况，可采取多种方式。

(1) 按月结算　实行旬末或月中预支，月终结算，竣工后清算的办法。跨年度竣工的工程，在年终进行工程盘点，办理年度结算。我国现行建筑安装工程价款结算中，相当一部分实行这种按月结算。

(2) 竣工后一次结算　建设项目或单项工程全部建筑安装工程建设期在 12 个月以内，或者工程承包合同价值在 100 万元以下的，可以实行工程价款每月月中预支，竣工后一次结算。

(3) 分段结算　即当年开工，当年不能竣工的单项工程或单位工程按照工程形象进度，划分不同阶段进行结算。分段结算可以按月预支工程款，分段的划分标准，由各部门、自治区、直辖市、计划单列市规定。

对于以上三种主要结算方式的收支确认。国家财政部在 1999 年 1 月 1 日起实行的《企业会计准则——建造合同》讲解中作了如下规定。

① 实行旬末或月中预支，月终结算，竣工后清算办法的工程合同，应分期确认合同价款收入的实现，即：各月份终了，与发包单位进行已完工程价款结算时，确认为承包合同已完工部分的工程收入实现，本期收入额为月终结算的已完工程价款金额。

② 实行合同完成后一次结算工程价款办法的工程合同，应于合同完成、施工企业与发包单位进行工程合同价款结算时，确认为收入实现，实现的收入额为承发包双方结算的合同价款总额。

③ 实行按工程形象进度划分不同阶段，分段结算工程价款办法的工程合同，应也按合同规定的形象进度分次确认已完阶段工程收益实现。即：应于完成合同规定的工程形象进度或工程阶段，与发包单位进行工程价款结算时，确认为工程收入的实现。

(4) 目标结款方式　即在工程合同中，将承包工程的内容分解成不同的控制界面，以业主验收控制界面作为支付工程价款的前提条件。也就是说，将合同中的工程内容分解成不同的验收单元，当承包商完成单元工程内容并经业主（或其委托人）验收后，业主支付构成单元工程内容的工程价款。

目标结款方式下，承包商要想获得工程价款，必须按照合同约定的质量标准完成界面内的工程内容；要想尽早获得工程价款，承包商必须充分发挥自己组织实施能力，在保证质量前提下，加快施工进度。这意味着承包商拖延工期时，则业主推迟付款，增加承包商的财务费用、运营成本，降低承包商的收益，客观上使承包商因延迟工期而遭受损失。同样，当承包商积极组织施工，提前完成控制界面内的工程内容，则承包商可提前获得工程价款，增加承包收益，客观上承包商因提前工期而增加了有效利润。同时，因承包商在界面内质量达不到合同约定的标准而业主不予验收，承包商也会因此而遭受损失。可见，目标结款方式实质上是运用合同手段、财务手段对工程的完成进行主动控制。

目标结款方式中，对控制界面的设定应明确描述，便于量化和质量控制，同时要适应项目资金的供应周期和支付频率。

(5) 其他　结算双方约定的其他结算方式。

四、工程结算的种类和计算方法

工程结算一般分为工程备料款的结算、工程进度款的结算和工程竣工结算。

（一）工程备料款的结算

所谓工程备料款指包工包料（俗称双包）工程在签订施工合同后，由业主按有关规定或合同约定预支给承包商，主要用来购买工程材料的款项。

1. 预付备料款的限额

预付备料款的限额由下列主要因素决定：主要材料（包括外购构件）占工程造价的比重；材料储备期；施工工期。

对于施工企业常年应备的备料款限额，可按下式计算：

$$备料款限额 = \frac{年度计划完成合同价款 \times 主要材料比重}{年度施工日历天数} \times 储备天数$$

式中，材料储备天数可根据当地材料供应情况确定。

$$工程备料款额度 = （预收备料款数额 \div 年度计划完成合同价款）\times 100\%$$

在实际工作中，备料款的数额，要根据各工程类型、合同工期、承包方式和供应体制等不同条件而定。例如：工业项目中钢结构和管道安装占比重较大的工程，其主要材料所占比重比一般安装工程要高，因而备料款也应相应提高；工期短的比工期长的工程要高；材料由施工单位自购的比由建设单位供应主要材料的要高。

装饰工程预支工程备料款额度应不超过当年建筑装饰工作量的 25%，若工期不足一年的工程，可按承包合同价的 30% 预支工程备料款。对于只包定额工日（不包材料定额，一切材料由建设单位供给）的工程项目，则可以不预付备料款。

2. 备料款的扣回

备料款属于预付性质。到施工的中后期，应随着工程备料储量的减少，预付备料款应在中间结算工程价款中逐步扣还。由于备料款是按承包工程所需储备的材料计算的，因而当工程完成到一定进度，材料储备随之减少时，预收备料款应当陆续扣还，并在工程全部竣工前扣完。确定预收备料款开始扣还的起扣点，应以未完工程所需主材及结构构件的价值刚好同备料款相等的原则。工程备料款可按下式计算。

$$预收备料款 = （合同造价 - 已完工程价款）\times 主材费率$$

式中，主材费率 = 主要材料费 ÷ 合同造价。

上式经变换为：

$$预收备料款起扣时的工程进度（即起扣点）= 1 - （预收备料款额度 \div 主材费率）$$

在装饰工程承发包过程中，由于市场竞争的加剧，建设单位一般很少预支工程备料款给施工单位，只是部分主材由建设单位直接购买或建设单位指定厂家由施工单位垫付购买，在工程进度款中抵扣。一般家装或一些工程规模小、工期短的装饰工程，建设单位才按合同约定或相关规定预支部分备料款给施工单位。

（二）工程进度款的结算

工程进度款的结算，根据建筑生产和产品的特点，常有以下两种结算方法。

1. 按月结算

对建筑施工工程，每月月末（或下月初）由承包商提出已完工程月报表和工程款结算清单，交现场监理工程师审查签证并经业主确认后，办理已完工程的工程款结算和支付业务。

按月结算时，对已完成的施工部分产品，必须严格按规定标准检查质量和逐一清点工程量。质量不合格或合同约定的计算方法中规定的全部工序内容，则不能办理工程结算。工程承发包双方必须遵守结算相关规则，既不准虚假冒算，又不准相互拖欠，应本着实事求是的原则确定当月已完工程的工程价款。

2. 分段结算

对在建施工工程，按施工形象进度将施工全过程划分为若干个施工阶段进行结算。工程按进度计划规定的施工阶段完成后，即进行结算，具体做法有以下几种。

① 按施工阶段预支，该施工阶段完工后结算。这种做法是将工程总造价通过计算拆分到各个施工阶段，从而得到各个施工阶段的建筑安装工程费用。承包商据此填写"工程价款预支账单"，送监理工程师签证并经业主确认后办理结算。

② 按施工阶段预支，竣工后一次结算。这种方法与前一种方法比较，其相同点均是按阶段预支，不同点是不按阶段结算，而是竣工后一次结算。

③ 分次预支，竣工后一次结算。分次预支、每次预支金额数应与施工进度大体相一致。此种结算方法的优点是可以简化结算手续，适用于投资少、工期短、技术简单的工程。

（三）工程竣工结算

工程竣工结算是指施工企业按照合同的规定，对竣工点交后的工程向建设单位办理最后工程价款清算的经济技术文件。

竣工结算一般由施工单位编制，根据工程投资方要求，一般经监理单位、建设单位初审后委托造价咨询公司终审，作为建设单位与施工单位最终结算工程价款的依据。

第二节　建筑装饰工程结算

装饰工程竣工结算与装饰工程预算相比较显得更为重要，因为竣工结算标志着装饰工程造价的最后认定。竣工结算的编制是在经审定的装饰工程预算的基础上，根据工程施工的具体情况进行相关费用调整，其编制方法与装饰工程预算的编制方法基本相同。竣工结算编制的基础是施工图预算，其费用内容和计算要求与施工图预算基本一致，并与之前后呼应。但由于竣工结算与施工图预算的编制时间不同，依据也不尽相同。在项目建设与管理过程中，建筑装饰工程竣工结算是建设单位与施工单位办理工程结算的直接依据。是投资计划完成情况的具体反映，也是评价建筑装饰工程项目投资效益的主要指标之一。

一、竣工结算的编制依据

竣工结算的编制依据主要有以下几点。

① 工程竣工报告、竣工验收单和竣工图；

② 工程承包合同和已审核的原施工图预算；

③ 图纸会审纪要、设计变更通知书、技术变更核定（洽商）单、施工签证单或施工记录、施工组织设计；

④ 业主与承包商共同认可的有关材料预算价格或价差；

⑤ 现行预算定额和费用定额以及政府行政主管部门出台的调价调差文件；

⑥ 其他涉及与工程有关的技术经济文件，如报告、函件、指令等资料。

二、竣工结算的方式

根据合同价格形式的不同，可分为以下三种。

（一）以"固定价格合同"为基础编制竣工结算

这种方式一般用于采用"固定价格合同"的工程，"固定价格合同"分为"固定单价合同"和"固定总价合同"。"固定单价合同"是指合同中已约定了工程中每个分部分项工程的单价，由各个分部分项工程单价乘以其工程量汇总得出工程总价。"固定总价合同"是指根据施工图，将合同或招标文件中指定的施工图结合合同要求或通过招投标确定的合同造价，这种合同造价是根据工程开工前甲乙双方按照当时的客观条件、风险和意愿确定的工程固定合同造价，在实施过程中假定不发生任何合同中约定的变化或其变化在约定的风险内，则先前确定的"固定合同造价"就等同于工程竣工结算造价。事实上，在工程实施过程中往往会出现各种变化，在工程竣工结算时，是以原"固定合同造价"为基础，以施工中实际发生而原"固定合同造价"中并未包含的增减工程项目、材料价差和费用签证等合同约定的调整范围依据，在竣工结算中，按照合同约定的调整方法一并进行调整，从而得出工程真正的竣工结算造价。采用这种方式有利于控制工程造价，提高造价管理水平和企业的竞争力。但前期合同定价过程较长，且施工单位担负的风险较大。

（二）以"可调价格合同"为基础编制竣工结算

这种方式一般用于"可调价格合同"，即合同中只约定了一个暂定的合同造价和具体的结算方式，工程竣工后按照合同约定的结算方式并结合竣工图、设计变更、签证等竣工结算资料进行编制竣工结算造价。这种方式主要用于工期紧、情况特殊等来不及准确确定合同造价的工程。采用这种方式不利于控制工程造价，建设单位较难把握好工程的投资限额，同时不利于提高造价管理水平和施工企业的竞争力。但前期合同定价过程短，能迅速组织施工；与之相反，建设单位担负的风险较大。

（三）以"成本加酬金合同"为基础编制竣工结算

其合同价款包括成本和酬金两部分，由甲乙双方在合同中约定成本构成和酬金的计算方法。这种方式在国内很少采用，在此不予详述。

三、竣工结算的编制内容

竣工结算按单位工程编制。一般内容如下。

（1）竣工结算书封面 封面形式与施工图预算书封面相同，要求填写业主、承包商名称、工程名称、结构类型、建筑面积、工程造价等内容。

（2）竣工结算书编制说明 主要说明施工合同有关规定、有关文件和变更内容以及编制依据等。

（3）结算造价汇总计算表 竣工结算表形式与施工图预算表形式相同。

（4）结算造价汇总表附表 主要包括工程增减变更计算表、材料价差计算表、业主供料及价款结算明细表。

（5）工程竣工资料 包括竣工图、工程竣工验收单、各类签证、工程量增补核定单、设计变更通知书等。

四、竣工结算的编制方法和步骤

（一）竣工结算的编制方法

工程竣工结算书的编制方法与施工图预算书基本相同，不同之处是以竣工图、设计变更签证等资料为依据，以原合同约定的造价及范围为基础，进行全面计算或部分增减和调整。

① 采用"固定价格合同"时，当分部分项工程项目有增减、新增工程、材料价格变化、签证时，应按照合同包干价格风险外的内容并结合合同规定的调整方法进行调整。

② 采用"可调价格合同"时，根据竣工图、设计变更、签证、经认可的材料单价、施工组织设计等技术经济资料按照合同规定的计算方法进行编制竣工工程结算。

（二）竣工结算的编制步骤

（1）收集整理原始资料 原始资料是编制竣工结算的主要依据，必须收集齐全。除平时积累外，尚应在编制前做好调查收集，整理核对工作。只有具备了完整齐全的原始资料后才能开始编制竣工结算。原始资料调查内容包括：原"固定价格合同"中的合同造价工程内容是否全部完成；工程量、定额、单价、合价、总价等各项数据有无错漏；"固定价格合同"中合同造价的暂估单价在竣工结算时是否已经核实。

　　(2) 了解工程的施工和材料供应情况　了解工程实际开工、竣工时间、施工进度、施工安排和施工方法，校核材料、半成品的供应方式、规格、数量和价格。

　　(3) 调整计算工程量　根据设计变更通知、验收记录、材料代用签证等原始资料，统计计算出应增加或减少的工程量。如果设计变动较多，设计图纸修改较大，可以重新分列工程项目并计算工程量。

　　(4) 套用预算定额单价或合同约定的单价，计算汇总竣工结算费用　施工承包商将单位工程竣工结算造价计算出来以后，先送监理、业主初审，再由业主送专业性的造价咨询公司终审并经承发包双方共同确认，作为最终工程竣工结算造价。

【本章小结】

　　1. 工程结算一般分为工程备料款的结算、工程进度款的结算和工程竣工结算等。

　　2. 工程价款结算的主要方式包括按月结算、竣工后一次结算、分段结算、目标结款方式、结算双方约定的其他结算方式。

　　3. 竣工结算的方式包括以"固定价格合同"为基础编制竣工结算、以"可调价格合同"为基础编制竣工结算、以"成本加酬金合同"为基础编制竣工结算等。

【复习思考题】

　　1. 建筑装饰工程竣工结算的概念和意义是什么？

　　2. 工程价款的主要结算方式是什么？

　　3. 工程结算的种类和计算方法有哪些？

　　4. 建筑装饰工程竣工结算的编制依据是什么？

　　5. 建筑装饰工程竣工结算的编制内容是什么？

　　6. 谈谈以"固定价格合同"为基础编制竣工结算和以"可调价格合同"为基础编制竣工结算的不同点和优缺点。

第二篇 施工工艺与计量篇

第六章 工程量及建筑面积计算

【学习内容】 本章主要介绍工程量的概念、计算依据、作用，工程量计算原则；建筑面积的计算与计算建筑面积的意义。

【学习目的】 了解工程量、建筑面积计算的重要性和计算的原则与方法；掌握建筑面积计算规则。

第一节 建筑装饰工程量

一、工程量的概念

工程量是指以物理计量单位或自然计量单位所表示各分项工程或结构、构造构件的实物数量。

物理计量单位，即量度单位。如"m^3"、"m^2"、"m"、"t"等常用的计量单位。

自然计量单位，即不需量度而按自然个体数量计量的单位。如"樘"、"个"、"台"、"组"、"套"等常用的计量单位。

计算工程量是编制装饰工程预算造价的基础工作，是预算文件的重要组成部分。装饰工程预算造价主要取决于两个基本因素：一是工程量，二是工程单价（即定额基价）。工程量是按照图纸规定的尺寸与工程量计算规则计算的，工程单价是按定额规定确定的。为了准确计算工程造价，这两者的数量都得正确，缺一不可。因此，工程量计算的准确与否，将直接影响定额直接费，进而影响整个装饰工程的预算造价。

工程量又是施工企业编制施工组织计划，确定工程工作量，组织劳动力、合理安排施工进度和供应装饰材料、施工机具的重要依据。同时，工程量也是建设项目各管理职能部门、计划部门和统计部门工作的内容之一。例如，某段时间某领域所完成的实物工程量指标就是以工程量为计算基准的。

工程量的计算是一项比较复杂而细致的工作，其工作量在整个预算中所占比重较大，任何粗心大意，都会造成计算上的错误，致使工程造价偏离实际，造成国家资金和装饰材料的浪费与积压。从这层意义上说工程量计算也独具重要性。因此，正确计算工程量，对建设单位、施工企业和工程项目管理部门，对正确确定装饰工程造价都具有重要的现实意义。

二、工程量的计算依据

工程量的计算依据具体如下。

① 依据各省、市、自治区相关建筑工程造价管理部门制定的《建筑装饰装修工程消耗量定额》。

② 施工图纸及相关标准图。施工图纸是计算工程量的基本依据。有时为了简化设计程序，对已有的标准构件，设计者会在图中指明所应用的相关标准图集，而不需在图中绘制，以减少绘图工作量。在工程量计算时，就需要根据设计要求，查阅相关图集。

③ 招标文件。招标文件规定了工程量的计算依据、计算范围，所以也是工程量计算的

依据之一。

④ 施工组织设计或施工组织方案也是工程量计算的重要依据之一。如：施工现场的平面布置形式、是否二次搬运、是否有夜间赶工措施等。

⑤ 工程量计算手册是重要的参考资料。在工程量计算时，计算公式、技术资料可参阅工程量计算手册。

三、工程量计算的意义

工程量计算的意义具体如下。

① 计算工程量，是确定建筑工程直接费用，编制单位工程预算书的重要环节。只有依据施工图和设备明细表准确地计算出工程量，然后套用适当的预算定额，才能正确地计算出工程量的直接费。

② 计算工程量，是企业编制施工作业计划，合理安排施工进度，组织劳动力和物资供应不可缺少的重要指标。

③ 计算工程量，是进行基建财务管理与会计核算的重要指标。例如，正确进行已完工价款的结算和拨付，进行成本计划执行情况的分析等，都离不开工程量的准确计算。

四、工程量计算的注意事项

工程量的计算是编制施工图预算中最烦琐、最细致的工作，其工作量占整个施工图预算编制工程量的 70％以上，能否及时、正确地完成工程量计算工作，直接影响着预算编制的质量和速度。为使工程量计算尽量避免错算，做到迅速准确，工程量计算时应注意以下事项。

（1）计算口径要一致，避免重复列项 计算口径是指施工图列出的分项工程所包括的工作内容和范围应与相应定额中的对应分项工程的工作内容和范围相一致。例如，块料面层饰面工程，2005 年颁布的《山西省装饰装修工程消耗量定额》中包括了刷素水泥浆一道（结合层）工序，在计算时不应另列项重复计算。

（2）工程量计算规则要一致，避免错算 按施工图计算工程量的计算规则，必须与本地区现行的定额计算规则相一致。

（3）计算尺寸的取定要一致 首先，要核对施工图纸尺寸的标准；其次，计算工程量时，对各子目计算尺寸的取定要准确。

（4）计量单位要一致 按施工图纸计算工程量时，所列出的各分项工程的计量单位必须与相应定额中对应项目的计量单位相一致。

（5）要遵循一定的顺序计算 计算工程量时要遵循一定的计算顺序，依次进行计算，避免漏算或重算。

（6）工程量计算的精确度要一致 工程量的计算结果，以"t"为单位，应保留小数点后三位数字；以"m²"、"m³"、"m"为单位，应保留小数点后两位数字；以"个"、"项"等为单位，应取整数。

第二节　建筑面积计算

建筑面积是指建筑物外墙勒脚以上的外围所围成的水平面积之和，它包括有效面积和结构面积。有效面积指可以被人们使用的净面积，结构面积指构成建筑物的墙、柱等结构所占的面积。

建筑面积是一项重要的经济技术指标，它不仅为编制概预算、拨款与贷款提供指标，同时，对建筑面积的合理利用，合理进行布局，充分利用建筑空间，不断促进设计单位、施工企业及建设单位加强科学管理，降低工程造价，提高投资经济效益等具有很重要的意义。

2005 年原建设部编制了国家标准《建筑工程建筑面积计算规范》（GB/T 50353—2005），并于 2005 年 7 月 1 日开始施行。根据规范规定，建筑面积的计算分为两部分，即计算建筑面积的范围和不计算建筑面积的范围。

一、计算建筑面积的范围

（一）单层建筑物的建筑面积

单层建筑物的建筑面积，应按其外墙勒脚以上结构外围水平面积计算（如图 6-1 所示），并应符合下列规定。

① 单层建筑物高度在 2.20m 及以上者应计算全面积；高度不足 2.20m 者应计算 1/2 面积。

② 利用坡屋顶内空间时，顶板下表面至楼面的净高超过 2.10m 的部位应计算全面积；净高在 1.20m 至2.10m 的部位应计算 1/2 面积；净高不足 1.20m 的部位不应计算面积。

③ 单层建筑物内设有局部楼层者（如图 6-2 所示），局部楼层的二层及以上楼层，有围护结构的应按其围护结构外围水平面积计算，无围护结构的应按其结构底板水平面积计算。层高在 2.20m 及以上者应计算全面积；层高不足 2.20m 者应计算 1/2 面积。

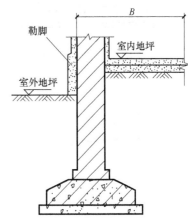

图 6-1　外墙面勒脚构造

（二）多层建筑物的建筑面积

① 多层建筑物建筑面积，按各层建筑面积之和计算。层高在 2.20m 及以上者应计算全面积，层高不足 2.20m 者应计算 1/2 面积。

② 多层建筑坡屋顶内和场馆看台下，当设计加以利用时净高超过 2.10m 的部位应计算全面积；净高在 1.20m 至 2.10m 的部位应计算 1/2 面积；当设计不利用或室内净高不足1.20m 不计算面积。

（三）地下室、半地下室

地下室、半地下室（车间仓库、商店、车站、车库、仓库等），包括相应的有永久性顶盖的出入口，应按其上口外墙（不包括采光井、防潮层及其保护墙）外边线所围水平面积计算，如图 6-3 所示。层高在 2.20m 及以上者应计算全面积，层高不足 2.20m 者应计算 1/2面积。

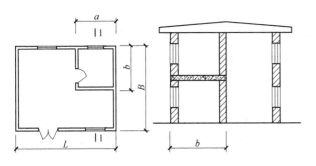

图 6-2　单层建筑物内设有局部楼层

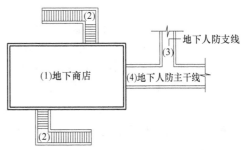

图 6-3　地下室、半地下室、地下商店

（四）坡地的建筑物吊脚架空层、深基础架空层

① 设计加以利用并有围护结构的层高在 2.2m 及以上的部位应计算全面积；层高不足 2.20m 者应计算 1/2 面积（如图 6-4、图 6-5 所示）。

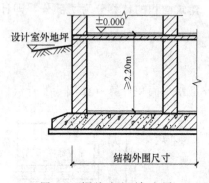

图 6-4　深基础地下架空层

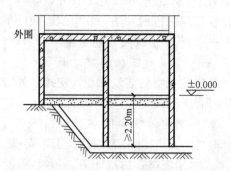

图 6-5　坡地建筑物利用吊脚空间设置的架空层

② 设计加以利用、无围护结构的建筑吊脚架空层，应按其利用部位水平面积的 1/2 计算。

③ 设计不利用的深基础架空层、坡地吊脚架空层、多层建筑坡屋顶内、场馆看台下的空间不应计算面积。

（五）建筑物的门厅、大厅、回廊

建筑物的门厅、大厅按一层计算建筑面积。门厅、大厅内设有回廊（如图 6-6 所示）时，应按其结构底板水平面积计算。层高在 2.20m 及以上者应计算全面积，层高不足 2.20m 者应计算 1/2 面积。

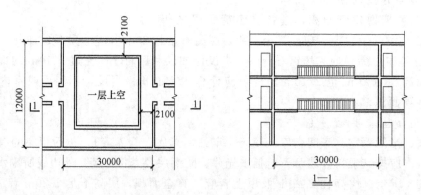

图 6-6　门厅、大厅内设有回廊

（六）架空走廊

建筑物间有围护结构的架空走廊（建筑物的水平交通空间），应按其围护结构外围水平面积计算。层高在 2.20m 及以上者应计算全面积；层高不足 2.20m 者应计算 1/2 面积。有永久性顶盖无围护结构的应按其结构底板水平面积的 1/2 计算。

（七）立体书库、立体仓库、立体车库

立体书库、立体仓库、立体车库，无结构层的应按一层计算，有结构层的应按其结构层面积分别计算。层高在 2.20m 及以上者应计算全面积；层高不足 2.20m 者应计算 1/2 面积。

（八）舞台灯光控制室

有围护结构的舞台灯光控制室，按其围护结构外围水平面积乘以层数计算建筑面积。层

高在 2.20m 及以上者应计算全面积；层高不足 2.20m 者应计算 1/2 面积。

（九）落地橱窗、门斗、挑廊、走廊、檐廊

建筑物外有围护结构的落地橱窗、门斗、挑廊、走廊、檐廊，应按其围护结构外围水平面积计算（如图 6-7 所示）。层高在 2.20m 及以上者应计算全面积；层高不足 2.20m 者应计算 1/2 面积。有永久性顶盖无围护结构的应按其结构底板水平面积的 1/2 计算。

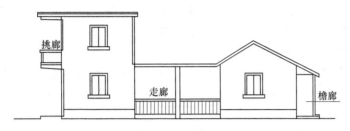

图 6-7　建筑物外有围护结构走廊

（十）场馆看台

有永久性顶盖无围护结构的场馆看台应按其顶盖水平投影面积的 1/2 计算。

（十一）楼梯间、水箱间、电梯机房

建筑物顶部有围护结构的楼梯间、水箱间、电梯机房等，层高在 2.20m 及以上者应计算全面积；层高不足 2.2m 者应计算 1/2 面积。

（十二）外墙外倾斜建筑物

设有围护结构垂直于水平面而超出底板外沿的建筑物（指外墙外倾斜建筑物），应按其底板面的外围水平面积计算。层高在 2.20m 及以上者应计算全面积；层高不足 2.2m 者应计算 1/2 面积。

（十三）室内楼梯间、电梯井、观光电梯井、提物井、管道井、通风排风竖井、垃圾道、附墙烟囱

建筑物内的室内楼梯间、电梯井、观光电梯井、提物井、管道井、通风排风竖井、垃圾道、附墙烟囱应按建筑物的自然层（按楼板、地板结构分层的楼层）计算。

（十四）雨篷

雨篷结构的外边线至外墙结构外边线的宽度超过 2.10m 者，应按雨篷结构板的水平投影面积的 1/2 计算（不区分有柱雨篷和无柱雨篷）。

（十五）室外楼梯

有永久性顶盖的室外楼梯，应按建筑物自然层的水平投影面积的 1/2 计算。

（十六）阳台

建筑物的阳台均应按其水平投影面积的 1/2 计算（不论封闭与否）。

（十七）车棚、货棚、站台、加油站、收费站

有永久性顶盖无围护结构的车棚、货棚、站台、加油站、收费站等，应按其顶盖水平投影面积的 1/2 计算。

（十八）高低连跨的建筑物，应以高跨结构外边线为界分别计算建筑面积；其高低跨内部连通时，其变形缝应计算在低跨面积内。

（十九）幕墙建筑物

以幕墙作为围护结构的建筑物，应按幕墙外边线计算建筑面积。装饰性幕墙不应计算建筑面积。

（二十）有保温隔热层的建筑物

建筑物外墙外侧有保温隔热层时，应按保温隔热层外边线计算建筑面积。

（二十一）建筑物内的变形缝

建筑物内的变形缝，按其自然层合并在建筑物面积内计算。

二、不计算建筑面积的范围

① 突出外墙的构件、配件、附墙柱、垛、勒脚、台阶、墙面抹灰、镶贴块材、装饰面、装饰性幕墙、空调室外机搁板（箱）、飘窗，宽度在 2.10m 及以内的雨篷以及与建筑物内不相连通的装饰性阳台、挑廊等。

② 无永久性顶盖的架空走廊、室外楼梯和用于检修、消防等的室外钢楼梯、爬梯。

③ 建筑物通道（骑楼、过街楼的底层）。骑楼是指楼层部分跨在人行道上的临街房；过街楼则是指有道路穿过建筑空间的楼房。

④ 建筑物内的设备管道夹层和操作平台、上料平台、安装箱或罐体平台；屋顶水箱、花架、凉棚、露台、露天游泳池等。

⑤ 独立烟囱、烟道、地沟、油（水）罐、气柜、水塔、贮油（水）池、贮仓、栈桥、地下人防通道、地铁隧道等构筑物。

⑥ 单层建筑物内分隔单层房间，舞台及后台悬挂的幕布、布景天桥、挑台。

⑦ 自动扶梯、自动人行道。

【本章小结】

1. 工程量是指以物理计量单位或自然计量单位所表示各分项工程或结构、构造构件的实物数量。

2. 工程量计算应依据"四统一"的原则，即项目名称、项目编码、计量单位、计算规则"四统一"的原则。

3. 计算工程量是编制装饰工程预算造价的基础工作，是预算文件的重要组成部分。工程量计算的准确与否，将直接影响定额直接费，进而影响整个装饰工程的预算造价。

4. 建筑面积是指建筑物外墙勒脚以上的外围所围成的水平面积之和，它包括有效面积和结构面积。要熟练掌握计算建筑面积的范围和不计算建筑面积的范围，会准确计算建筑面积。

【复习思考题】

1. 工程量的概念是什么？

2. 建筑装饰工程工程量计算时有哪些注意事项？

3. 什么是建筑面积？它有何作用？

4. 怎样计算高低连跨建筑物的建筑面积？

5. 建筑物内的变形缝怎样计算面积？

6. 建筑物外墙外侧有保温隔热层时，怎样计算建筑面积？

7. 用于检修、消防等室外爬梯怎样计算建筑面积？

8. 层高 2.2m 以内技术层、贮藏室、设计不利用的深基础架空层及吊脚架空层怎样计算建筑面积？

9. 雨篷结构怎样计算面积？

10. 电梯井、提物井、管道井怎样计算面积？

第七章　楼地面工程

【**学习内容**】　本章介绍楼地面的构造、作用及分类；各种楼地面的构造和施工工艺；楼地面工程的定额项目划分及工程量计算规则。

【**学习目的**】　了解楼地面的分类、构造和施工工艺；掌握楼地面的工程量计算规则。

第一节　建筑构造及施工工艺

楼地面是指建筑物底层地面（地面）和楼地面（楼面）的总称，其中包含室外散水、明沟、踏步、台阶和坡道等附属工程。楼地面的主要作用是承受使用荷载，并将其传递给承重墙、柱或基础，同时为满足使用功能，还具有隔声、隔热、防潮、防火、卫生和美观等特点。

一、楼地面的构造、作用及分类

1. 楼地面的构造和作用

地面由基层和面层两部分组成。基层是指面层下的构造层，包括基土、垫层或为了找坡、隔声、保温、防水或敷设管线等功能需要而设置的找平层、隔离层、填充层等。

楼面由楼板结构层和面层组成。同地面一样可根据功能需要设置其他层，如找平层、隔离层、填充层等（如图 7-1、图 7-2 所示）。

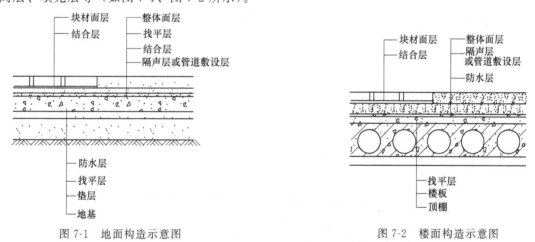

图 7-1　地面构造示意图　　　　　　　　图 7-2　楼面构造示意图

（1）结构层（基层）　承受并传递荷载。楼层为楼板，底层为混凝土垫层（刚性和非刚性）。

（2）中间层　有功能层（防潮、防水、管线敷设等）、找平层、结合层等。

（3）面层　起到舒适、美观、装饰的作用。

2. 楼地面的分类

楼地面面层的分类方法很多，如：

① 按功能分为垫层、找平层、防水层、结合层、面层等；

② 按面层种类分为整体面层、块料面层、塑料及橡胶面层、木地板等；

③ 按地面类型分为楼地面、楼梯、台阶、散水等。

二、一般楼地面

（一）整体面层

整体面层包括水泥砂浆、混凝土、现制水磨石以及菱苦土等面层的楼面、地面、楼梯、台阶、踢脚及散水、明沟、防滑坡道等附属工程。

依据《建筑地面工程施工及验收规范》（GB 50209—2002）规定，当用做水泥砂浆面层时，宜采用硅酸盐水泥、普通硅酸盐水泥，强度等级不应小于 32.5 级，并严禁混用不同品种、不同强度等级的水泥。当用做深色水磨石面层时宜采用硅酸盐水泥、普通硅酸盐水泥或矿渣硅酸盐水泥，强度等级不应小于 32.5 级；当用做白色或浅色的水磨石面层，应采用白水泥，同颜色的面层应使用同一批水泥。当用做块料面层的结合层及填缝时，其水泥宜采用硅酸盐水泥、普通硅酸盐水泥或矿渣硅酸盐水泥，强度等级不应小于 32.5 级。

水泥砂浆中应选用中粗砂，含泥量不应大于 3%，砂中不得含有草根等有机杂质，冬季施工时不得含有冻冰块。

菱苦土面层用菱苦土、锯木屑与氯化镁溶液的拌和料铺设而成，具有耐火绝热、保温、富有弹性及光泽等特点。

1. 水泥砂浆面层楼、地面的施工工艺

基层处理（清扫、冲洗、湿润）→贴饼冲筋(确定面层标高)→配制砂浆→铺设砂浆→抹面压光(分三遍压光)→养护(铺锯末或草袋洒水养护，时间不少于 7 天)。

图 7-3 现制水磨石面层

2. 现制水磨石面层（如图 7-3 所示）楼、地面的施工工艺

基层处理（清扫、冲洗、湿润）→贴饼冲筋→铺抹找平层(1:3水泥砂浆，厚度约15～20mm)→镶分格条(如图7-4所示)(镶条12小时后，浇水养护2～4天)→配制水磨石拌和料(水泥和石粒的体积比宜为1:1.5～1:2.5)→铺水磨石拌和料→滚压、抹平→研磨(分遍磨光：粗磨、细磨、磨光)→草酸清洗→打蜡上光。

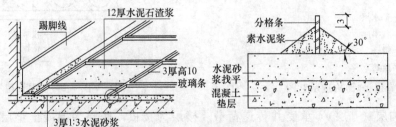

图 7-4 水磨石面层分格条做法（单位：mm）

（二）块料面层

块料面层包括由各种块料在结合层上铺设而成的、直接承受各种物理和化学作用的块料面层，如大理石、花岗岩、预制水磨石块、瓷砖、陶瓷锦砖、水泥花砖、广场砖、缸砖、镭

射玻璃地砖、混凝土板、菱苦土板、方整石、青红砖等的楼、地面和楼梯、台阶、踢脚线及防滑条、石材面酸洗打蜡、刷养（保）护液等附属工程。

天然花岗石是各类岩浆岩（又称火成岩）的统称，如花岗岩、安山岩、辉绿岩、片麻岩等，天然花岗岩具有良好的抗风化稳定性、耐磨性、耐酸碱性，耐用年限约75～200年。花岗石饰面板是以荒料锯解加工而成，分剁斧板、机刨板、粗磨板、磨光板四种。

天然大理石是一种变质岩，系由石灰岩变质而成，其主要矿物分为方解石、白云石等，但结晶细小、结构致密，颜色有纯黑、纯白、纯灰等色泽和各种混杂花纹色彩。饰面板的品种常以其研磨抛光后的花纹、颜色特征及产地命名。

人造石饰面材料一般包括人造大理石、人造花岗石、预制水磨石面板。是用天然大理石、花岗石的碎石、石屑、石粉作为填充材料，由不饱和聚酯树脂或水泥为胶黏剂，经搅拌成型、研磨、抛光等工序制成与天然大理石、花岗石相似的材料。

1. 大理石、花岗岩等楼、地面的施工工艺

基层处理（清扫、冲洗、湿润）→定位弹线（确定平面标高和板块布置）→试拼（图案、色泽、纹理试拼）→试铺板块样板（按标准线试铺并注意相对位置）→块料浸水，湿润，阴干→刷素水泥浆→铺结合层（为半干硬性或塑性水泥砂浆）→刷素水泥浆→正式铺贴（养护1～2天）→板缝修饰（灌浆擦缝）→上蜡。

2. 各类地砖面层楼、地面的施工工艺

基层处理（清扫、冲洗、湿润）→刷素水泥浆→铺结合层（半干硬性或塑性水泥砂浆）→弹线定位（定出标高线及垂直定位线）→刷素水泥浆→铺贴（如图7-5所示）。

块料面层结合层砂浆可以采用半干硬性水泥砂浆，配合比为：1：4（体积比）；也可以采用塑性水泥砂浆，配合比为1：3、1：2.5、1：2、1：1等。砂浆结合层厚度具体见表7.1所示。采用干粉型黏结剂做黏结层的块料面层，其黏结层厚度为2～3mm。

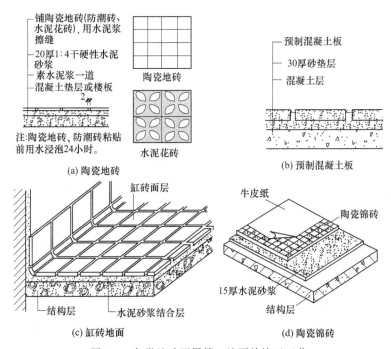

图 7-5　各类地砖面层楼、地面的施工工艺

表 7.1 各类地砖砂浆结合层厚度表

名 称		结合层		名 称		结合层	
		种类	厚度/mm			种类	厚度/mm
花岗岩	楼、地面、波打线	水泥砂浆 1:4	30	大理石	楼、地面、波打线	水泥砂浆 1:4	30
	楼梯、台阶	水泥砂浆 1:3	30		楼梯、台阶	水泥砂浆 1:3	30
	零星项目	水泥砂浆 1:2.5	30		零星项目	水泥砂浆 1:2.5	30
	踢脚线	水泥砂浆 1:2	20		踢脚线	水泥砂浆 1:2	20
	拼花、碎拼	水泥砂浆 1:2.5	30		拼花、碎拼	水泥砂浆 1:2.5	30
预制水磨石	楼、地面	水泥砂浆 1:4	30	瓷砖	楼、地面	水泥砂浆 1:4	20
	楼梯、台阶	水泥砂浆 1:3	30		楼梯	水泥砂浆 1:3	20
	踢脚线	水泥砂浆 1:2	12		踢脚线	水泥砂浆 1:3	12
					台阶	水泥砂浆 1:1	5
陶瓷锦砖	楼、地面	水泥砂浆 1:4	20		零星项目	水泥砂浆 1:2.5	20
	台阶	水泥砂浆 1:1	5	水泥花砖	地面	水泥砂浆 1:4	20
	零星项目	水泥砂浆 1:1	20		台阶	水泥砂浆 1:4	20
缸砖	楼、地面	水泥砂浆 1:4	20	镭射玻璃地砖		水泥砂浆 1:2.5	15
	楼梯	水泥砂浆 1:3	20	混凝土板		水泥砂浆 1:3	20
	零星项目	水泥砂浆 1:2	13				
	踢脚线	水泥砂浆 1:2	18	菱苦土板		水泥砂浆 1:3	20
	台阶	水泥砂浆 1:2	10				

（三）橡胶、塑料面层

由橡胶板、塑料板、塑料卷材在结合层上铺设而成的、直接承受各种物理和化学作用的表面层，包括楼、地面和踢脚线。

其铺贴程序为：清理基层→刷乳液腻子→涂刷黏结剂→贴面→净面等。

（四）其他材料面层

包括地毯、木地板、钛金不锈钢复合地砖等面层。

1. 地毯

地毯面层包括楼面、地面、楼梯和压条附件等，其铺贴程序为：清扫基层→拼接→铺设→修边→刷胶→钉压条→净面等。

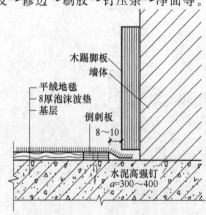

图 7-6 倒刺板、踢脚板固定示意图

地毯铺设形式有满铺与局部铺设两种。

不固定式地毯铺设时可直接铺设，固定式的做法如下。

（1）粘贴固定法 直接用胶将地毯粘贴在基层上。刷胶有满刷和局部刷两种。要求地毯本身具有较密实的基底层。

（2）倒刺板固定法 清理基层；沿踢脚板的边缘用水泥钉将倒刺板每隔 40cm 钉在基层上，与踢脚板距离 8～10mm；粘贴泡沫波垫；铺设地毯；将地毯边缘塞入踢脚板下部空隙中，如图 7-6 所示。

固定地毯的配件有端头挂毯条、接缝挂毯条、门槛压条、楼梯防滑条等。

2. 地板

地板包括毛地板（铺在地面上、铺在木楞上）、木地板制作和安装、成品木地板铺贴、复合木地板铺贴、防静电活动地板和木质踢脚线等项目。

（1）毛地板可使用木板或 12mm 厚的胶合板　其做法分两种：一种是毛地板铺在木楞上用钉接，另一种铺在地面上用地板专用胶胶结。铺贴程序为：毛地板制作→刷防腐油→铺板等。

（2）木地板面层以下部分统称为木基层　木基层有两种施工方法，一为架空式（如图 7-7 所示）；二为实铺式（如图 7-8 所示）。所谓架空式是将木龙骨搁于地面的垫木上，木龙骨之间加设剪刀撑，木板面层在木板下面留有一定高度的空间，以利于通风换气，使木板和龙骨保持干燥不至于腐烂；所谓实铺式是指木龙骨直接安装在钢筋混凝土楼、地面上或已经做好的水泥砂浆面层上，木龙骨之间常用炉渣等隔音材料填充，并加横向木撑。定额是按实铺编制的，但未考虑龙骨间的填充材料，设计要求铺设填充材料时另套相应定额子目。木地板龙骨制安包括：木楞、横撑、垫木等制作、刷防腐油、预埋铁件，安装木楞等。

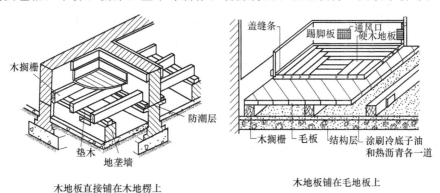

木地板直接铺在木地楞上　　　　木地板铺在毛地板上

图 7-7　架空式木地板构造示意图

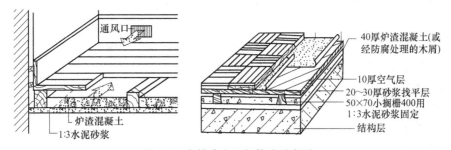

图 7-8　实铺式木地板构造示意图

（3）木地板制作、安装　分企口（如图 7-9 所示）和平口，包括铺在木楞上、毛地板上等项目。其工序为：木地板企口、平口对缝、刨光→刷防腐油→安装、找平→清理、净面→打磨。

成品木地板中，硬木企口木条板铺在毛地板上用钉接，铺贴在地面上分别用黏结剂、石蜡、沥青粘贴。其粘贴工序为：清理基层→调制或溶化黏结材料→铺设粘接层→拼配、铺贴木地板→清理→净面→打磨。

（4）活动地板面层　又称架空地板面层或装配式地板面层，适用于防尘、导（防）静

—18～23厚企口木地板
—沥青粘贴层
—热沥青一道
—冷底子油1～2道
—20～30厚沥青砂浆层
　（用于需要防潮及大面积地面）
—20厚水泥砂浆找平层
—混凝土垫层或楼板

图7-9　沥青粘贴企口木地板构造示意图

要求和管线敷设较集中的专业用房。是以特制的平压刨花板或铝合金压型板等为基层，以三聚氰胺或氯化聚乙烯材料装饰板为面层，底层用镀锌钢板经胶粘接和四周侧边用塑料板封闭或用镀锌钢板包裹并以胶条封边组合成的活动地板块；再配以横梁、橡胶垫条和可供调节高度的金属支架，在水泥类基层（面层）上铺设、组装的架空活动地板面层。

抗静电活动地板（铝合金、钢质）安装工序为：清理基层、定位安装支架、横梁、地板净面清理等。

（5）复合木地板　复合木地板铺贴在地面上用专用胶粘贴。实木复合地板是以面层采用优质木材配以符合国家标准的绿色环保产品的芯板板材为原料，经运用科学的技术配方加工而成。与实木地板面层一样，具有弹性好、舒适、导热系数小、干燥、易清洁等材料性能，并达到豪华、典雅、美观大方的装饰效果和使用功能。

中密度（强化）复合地板是以一层或多层专用纸浸渍热因性氨基树脂，铺装在中密度纤维板的人造板基材表面，背面加平衡层，正面加耐磨层经热压而成的木质地板材。与实木地板面层一样，具有弹性好、舒适、导热系数小、干燥、易清洁等材料性能。

（6）木质踢脚线　包括在木墙面或水泥面上用圆钉或气钉同时用胶黏剂镶贴踢脚线。

三、特种楼地面

（一）发光楼地面

发光楼地面采用透光材料，下设架空层，架空层中安装灯具。

透光面板有双层中空钢化玻璃、双层中空彩绘钢化玻璃、玻璃钢等，如图7-10所示。构造做法如下。

1．设置架空基层

（1）设架空支承结构　砖墩、混凝土墩、钢支架、木支架。

（2）铺设搁栅承托面层　木搁栅、型钢、T型铝材等。

2．安装灯具

（1）选用冷光灯具　固定在基层上或支架上，注意防火与绝缘。

（2）选用光珠灯带　直接敷设或嵌入地面。

3．固定透光面板

（1）搁置法

（2）粘贴法

（二）弹性楼地面

多用于练功房、舞台、比赛场地等。按构造可分衬垫式和弓式两种，如图7-11所示。

1．衬垫式

采用橡皮、软木、泡沫塑料等弹性好的材料作为衬垫，衬垫有块状和条形两种。

2．弓式

（1）木弓式　基层上固定通长垫木；垫木上设置木弓；木弓上设木搁栅；木搁栅上铺毛板、油纸、硬木地板。

（2）钢弓式　基层上铺消声毛毡；毛毡上固定钢弓，钢弓下设橡胶垫块；钢弓上固定木搁栅；木搁栅上铺毛板、油纸、硬木地板。

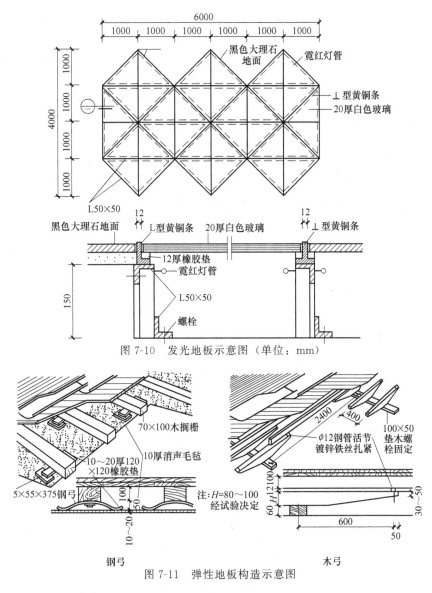

图 7-10　发光地板示意图（单位：mm）

图 7-11　弹性地板构造示意图

（三）活动夹层地板

1．组成构件

（1）活动面板　各种装饰板材加工而成的活动木地板、抗静电铸铅活动地板、复合抗静电活动地板。

（2）可调支架　联网式支架、全钢式支架。

2．铺装构造

清理基层；按面板尺寸弹网格线；在网格交点上设可调支架，加设桁条，调整水平度；铺放活动面板，用胶条填实面板与墙面缝隙。

3．设置要点

① 活动地板面标高尽量与走廊地面标高保持一致。

② 活动地板上设置重物时，应加设支架。

③ 金属活动面板应设接地线。

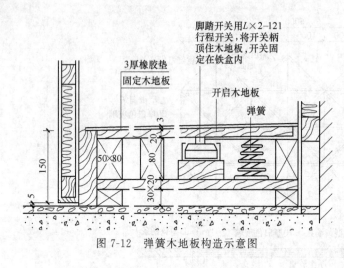

图 7-12 弹簧木地板构造示意图

（四）弹簧木地板

弹簧木地板是由弹簧支承的整体骨架木地板，多用于舞池、电话间地面。此种地板由金属弹簧、钢支架、厚木板、中密度纤维板和饰面材料等部分组成，如图 7-12 所示。

四、踢脚板

踢脚板是楼地面与墙面交接处的块料，主要起到遮盖接缝、增加美观、保护墙脚等作用。

踢脚板按使用的材料和施工方式可分粉刷类踢脚板、铺贴类踢脚板、木踢脚板和塑料踢脚板四种；按其构造形式可分为与墙面相平、突出墙面、凹进墙面三种，具体构造见图 7-13 所示。

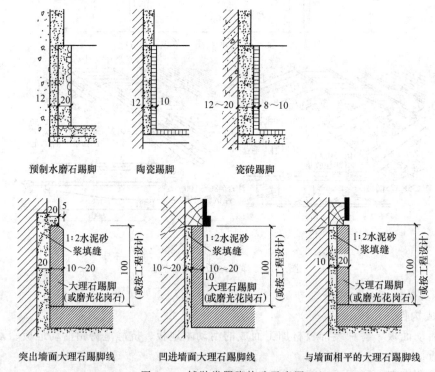

图 7-13 铺贴类踢脚构造示意图

第二节 楼地面工程量计算

一、定额项目及划分

楼地面工程定额项目内容主要包括一般工业与民用建筑的地面和楼面工程的整体面层、块料面层、橡塑面层、其他材料面层和室内楼梯、栏板（杆）、扶手，以及室外散水、明沟、台阶、坡道等附属工程，如图 7-14 所示。

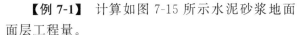

整体面层及明沟
$\begin{cases}$ 混凝土及水泥砂浆面层（主要包括楼地面、楼梯、台阶、踢脚线、零星项目、散水、防滑坡道等）
明沟（主要包括混凝土、砖砌等）$\end{cases}$

块料面层（主要包括大理石、花岗岩、预制水磨石块、瓷砖、马赛克、水泥花砖、广场砖、缸砖、镭射玻璃地砖、混凝土板、菱苦土板、方整石、红青砖、石材面层酸洗打蜡、刷防护液、分格嵌条、防滑条等）

橡胶、塑料面层

其他材料面层（主要包括地毯及附件、木地板、木地板制作安装、成品木地板铺贴、防静电活动地板、复合木地板、钛金不锈钢复合地砖、木质踢脚线等）

栏板、栏杆、扶手（主要包括铝合金、不锈钢、工艺栏杆扶手、木扶手、塑料扶手、靠墙扶手、楼梯、成品栏杆等）

图 7-14 楼地面装饰项目内容

二、楼地面工程量计算规则

其计算规则具体如下。

① 楼、地面整体及块料面层：按设计图示尺寸以面积计算，扣除凸出地面的构筑物、设备基础、室内铁道、地沟等所占面积（不需做面层的地沟盖板所占的面积亦应扣除），不扣除间壁墙和单个面积 $0.3m^2$ 以内的柱、垛、附墙烟囱及孔洞所占面积。门洞、空圈、暖气包槽、壁龛的开口部分不增加面积。

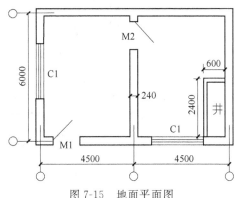

图 7-15 地面平面图

【例 7-1】 计算如图 7-15 所示水泥砂浆地面面层工程量。

解 水泥砂浆地面面层工程量 $=(4.5-0.24)\times(6.0-0.24)\times2-2.4\times0.6$
$=49.075-1.44$
$=47.635$（m^2）

【例 7-2】 某建筑平面图如图 7-16 所示，各门窗型号数据见表 7.2，墙厚 240mm，室内铺设 500mm×500mm 大理石，试计算大理石地面的工程量。

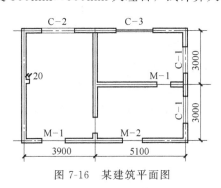

图 7-16 某建筑平面图

表 7.2 门窗表

M-1	1000mm×2000mm
M-2	1200mm×2000mm
M-3	900mm×2400mm
C-1	1500mm×1500mm
C-2	1800mm×1500mm
C-3	3000mm×1500mm

解 工程量 $=(3.9-0.24)\times(3+3-0.24)+(5.1-0.24)\times(3-0.24)\times2$
$=21.082+26.827=47.91$（m^2）

【例 7-3】 某营业厅内铺贴 600mm×600mm 米黄大理石板，其中有两块拼花，门洞口宽度 3.2m，柱子断面尺寸 1200mm×1200mm，大厅内四周铺蒙古黑大理石压边（即波打线，宽为 300mm），如图 7-17 所示，试计算营业厅的工程量。

解 a. 地面拼花工程量 $=2.421\times2.421=5.86$（m^2）

b. 波打线＝[（4＋10.2－0.12×2－0.15×2）＋（6.9－0.12×2－0.15×2）]×2×0.3
　　　＝12.01（m²）

c. 计算拼花之外的工程量

营业厅大理石总面积＝（6.9－0.24）×（4.0＋10.2－0.24）－5.86【地面拼花】
　　　　　　　　　　－[（1.2－0.24）×1.2＋（0.6－0.12）×1.2]【柱子】－12.01【波打线】
　　　　　　　　　　＝73.76（m²）

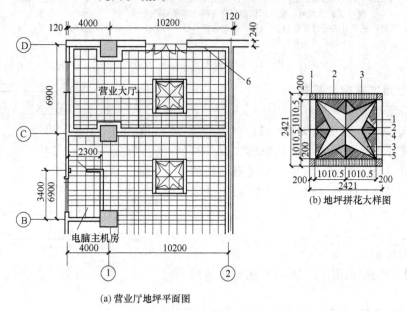

(a) 营业厅地坪平面图

(b) 地坪拼花大样图

图 7-17　某营业厅地坪平面图
1—斑皮红；2—蒙古黑；3—大花绿；4—金花米黄；5—大花白；6—蒙古黑压边

② 楼、地面橡胶、塑料及其他材料面层；按设计图示尺寸以实铺面积计算。门洞、空圈、暖气包槽、壁龛的开口部分并入相应的工程量内。

③ 拼花、碎拼、波打线；按相应块料面层楼、地面工程量计算规则计算。

④ 楼梯工程量包括踏步、休息平台及 500mm 以内的楼梯井，楼梯与楼、地面相连时，算至梯口梁内侧边沿；无梯口梁者，算至最上一层踏步边沿加 300mm。其中整体面层，按设计图示尺寸以楼梯水平投影面积计算；块料面层，按设计图示尺寸以展开面积计算。

⑤ 台阶面层按设计尺寸以展开面积（包括最上层踏步边沿加 300mm）计算。

⑥ 踢脚线按设计图示长度乘以高度以面积计算，扣除门洞、空圈所占面积，同时增加门洞、空圈侧壁的面积。

⑦ 水泥砂浆防滑坡道按水平投影面积以"m²"计算。

⑧ 明沟按图示尺寸以"延长米"计算。

⑨ 石材点缀按"个"计算，计算铺贴地面面积时，不扣除点缀所占面积。

⑩ 石材块料面层酸洗打蜡工程量按实际酸洗打蜡面积计算。

⑪ 石材底面刷养护液按面积加 4 个侧面面积，以"m²"计算。

⑫ 楼梯防滑，设计无规定时按楼梯踏步长度两边共减 300mm 再乘以根数以"延长米"计算；如设计有规定，按设计规定长度再乘以根数以"延长米"计算。

⑬ 扶手、栏杆、栏板按设计图示尺寸以扶手中心线长度计算。

⑭ 型钢工艺铁花制作、安装按图示尺寸以延长米计算，主材用量和规格与实际不同时

可以换算，人工和机械用量不变。

【例7-4】 设计型钢铁花工艺栏杆，经计算每10m栏杆含型钢铁花10.50m²，应如何执行定额？

解 适用装饰定额B1-160子目，如表7.3所示。型钢铁花含量8.02m²。根据某地区《建筑装饰装修消耗量定额》价目汇总表的规定，型钢铁花定额消耗量应调增。

表7.3 某地区《建筑工程消耗量定额价目汇总表》B1-160子目

定额编号	定额名称	单位	基价	其中		
				人工费	材料费	机械费
B1-160	型钢工艺栏杆	10m	1144.38	116.70	1027.68	0

人工费：116.70元/10m

材料费：$1027.68×1.002+(10.50-8.02)×128.14×1.002=1348.16$（元/10m）

机械费：0

换算后的定额基价：$116.70+1348.16+0=1464.86$（元/10m）

其中：

a. 该地区价目汇总表规定，材料预算价格中不包括材料检验试验费，计算时需乘以1.002的系数。

b. 型钢铁花预算价格128.14元/m²。

⑮ 水泥砂浆零星项目按图示尺寸展开面积以"m²"计算；块料零星项目按饰面外围尺寸展开面积以"m²"计算。

第三节 工 程 实 训

本节及后续章节相关内容将以第三篇案例所给工程为例，逐步讲解装饰工程项目列项及计算。为便于读者弄懂弄清，只对该别墅项目的卧室进行展开讲解。

一、工程背景

本工程为某别墅装饰项目。

二、工程做法

卧室平面图及卧室地面设计如图7-18、图7-19所示。

1. 复合木地板

① 面层：粘贴10~14mm厚复合强化木地板（木地板背面刷薄薄一层XY401胶黏剂，然后与水泥砂浆找平层粘贴）；

② 找平层：20mm厚1∶2水泥砂浆找平层；

③ 结合层：素水泥浆一道；

④ 结构层：现浇钢筋混凝土楼板（本工程带地下室）。

2. 踢脚线

① 120mm高实木踢脚线；

② 踢脚线面层刷聚酯亚光色漆。

三、编制方法

（一）分析

① 根据复合木地板地面做法，结合某地区建筑工程消耗量定额，该地面找平层和结合层为木地板基层，从表1.3中所示A10-19，该子目包括了找平层和结合层的工作内容，可列水泥砂浆找平层项目。

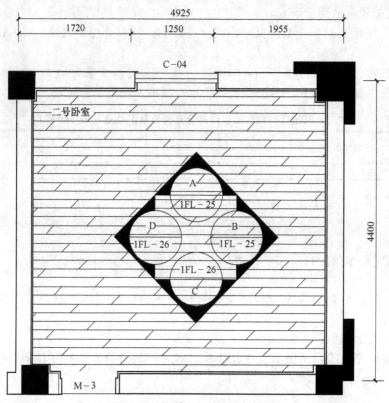

图 7-18　某别墅一层地面拼花图

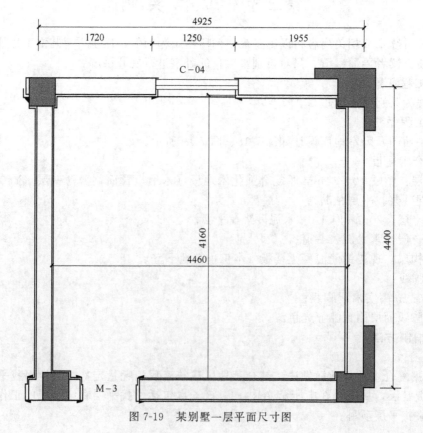

图 7-19　某别墅一层平面尺寸图

再从表 7.4 所示装饰定额 B1-145 所示工作内容，可列木地板项目。

表 7.4　B1-145 地面上铺复合木地板子目

工作内容：划线、铺板、清理净面。　　　　　　　　　　　　　　　　单位：100m²

定　额　编　号	B1-145
项　　目	铺复合木地板
	地面上

	名　　称	单位	数　　量
人工	综合工日	工日	26.67
材料	复合强化木地板	m²	108.50
	地板胶	kg	3.24

② 根据踢脚线做法，对应装饰定额 B1-147 子目，可列实木踢脚线项目，见表 7.5 所示。

表 7.5　B1-147 实木踢脚线子目

工作内容：划线、打眼、下木楔、安装、贴饰面板。　　　　　　　　　单位：100m²

定额编号		B1-147	B1-148	B1-149	B1-150
项　　目		木质踢脚线			
		实木踢脚线	胶合板基层/mm		水曲柳饰面板
			9	12	
名　　称	单位	数　　量			
人工	综合工日	工日	22.00	75.00	75.00	75.00
材料	硬木踢脚线 100mm×12mm	m²	102.00			
	胶合板 9mm	m²		108.00		
	胶合板 12mm	m²			108.00	
	胶合饰面板　水曲柳	m²				108.00
	地板胶	kg	31.50	31.50	31.50	31.50
	圆钉 60mm	kg	5.78	5.81	5.81	5.81
	安装锯材	m²	0.011			
	气钉 30mm 2000 个/盒	盒		0.03	0.03	0.03
	白乳胶（聚醋酸乙烯乳液）	kg		10.30	10.30	10.30
机械	电动空气压缩机 0.3m³/min	台班		0.005	0.005	0.005

注：踢脚线的油漆项目在后续第十一章油漆、涂料、裱糊工程中反映。

因此，可列项目 3 个。

（二）工程量计算

1. 水泥砂浆找平层

根据找平层工程量计算规则：按主墙间净空面积以 m² 计算，扣除凸出地面的构筑物、柱、设备基础、室内管道、地沟等所占面积，不扣除垛、间壁墙、附墙烟囱和 0.3m² 以内的空洞所占面积。但门洞、空圈、暖气包槽、壁龛的开口部分可并入相应项目计算。

$$S=4.46×4.16+0.9×0.12【门窗开口部分】=18.66（m^2）$$

2. 复合木地板

根据楼地面其他材料面层工程量计算规则：按设计图示尺寸以实铺面积计算。门洞、空圈、暖气包槽、壁龛的开口部分并入相应的工程量内。

$$S=4.46 \times 4.16+0.9 \times 0.12=18.66 （m^2）$$

3. 实木踢脚线

根据踢脚线工程量计算规则：按设计图示长度乘以高度以面积计算计算过程结合第八章编制实例卧室立面图（图 8-30）。

$$S=[4.46+4.16 \times 2+（4.46-0.86-0.08 \times 2）] \times 0.12=1.95 （m^2）$$

【本章小结】

1. 楼地面是指建筑物底层地面（地面）和楼地面（楼面）的总称，其中包含室外散水、明沟、踏步、台阶和坡道等附属工程。

2. 楼地面构造、作用

① 地面由基层和面层两部分组成。基层是指面层下的构造层，包括基土、垫层或为了找坡、隔声、保温、防水或敷设管线等功能需要而设置的找平层、隔离层、填充层等。

② 楼面由楼板结构层和面层组成。同地面一样可根据功能需要设置其他层，如找平层、隔离层、填充层等。

3. 楼地面整体面层包括水泥砂浆、混凝土、现制水磨石等面层的楼面、地面、楼梯、台阶、踢脚及散水、明沟、防滑坡道等附属工程。

4. 楼地面块料面层包括由各种块料在结合层上铺设而成的、直接承受各种物理和化学作用的块料面层，如大理石、花岗岩、预制水磨石块、瓷砖、陶瓷锦砖、水泥花砖、广场砖、缸砖、镭射玻璃地砖、混凝土板、菱苦土板、方整石、青红砖等的楼、地面和楼梯、台阶、踢脚线及防滑条、石材面酸洗打蜡、刷养（保）护液等附属工程。

5. 橡胶及塑料地板面层由橡胶板、塑料板、塑料卷材在结合层上铺设而成的、直接承受各种物理和化学作用的表面层，包括楼、地面和踢脚线。

6. 其他材料面层包括地毯、木地板、钛金不锈钢复合地砖等面层。

7. 栏板、栏杆、扶手包括铝合金、不锈钢栏杆扶手，工艺栏杆扶手，木、塑料扶手，靠墙扶手，楼梯成品栏杆等。

8. 楼、地面整体及块料面层：按设计图示尺寸以面积计算，扣除凸出地面的构筑物、设备基础、室内铁道、地沟等所占面积（不需做面层的地沟盖板所占的面积亦应扣除），不扣除间壁墙和单个面积 0.3m² 以内的柱、垛、附墙烟囱及孔洞所占面积。门洞、空圈、暖气包槽、壁龛的开口部分不增加面积。

9. 楼、地面橡胶、塑料及其他材料面层：按设计图示尺寸以实铺面积计算。门洞、空圈、暖气包槽、壁龛的开口部分并入相应的工程量内。

【复习思考题】

1. 楼地面装饰有哪些功能作用？

2. 架空式木地面与实铺式木地面在构造上有何区别？

3. 整体面层和块料面层所用的材料和工程量计算方法有何区别？

4. 基数在楼地面工程量计算中有哪些运用？

5. 对楼地面的结构层次的了解与工程量的计算有何作用？

6. 某车间地面设计要求为：1：2.5 水泥砂浆（32.5 级水泥）抹面 25mm 厚，试套用定额并换算定额基价。

补充：1：2.5 水泥砂浆（32.5 级）材料预算价为 169.05 元/m³

1：2 水泥砂浆（325#）材料预算价为 170.73 元/m³

　　1∶3 水泥砂浆（325#）材料预算价为 143.27 元/m³

　　7. 某会议室花岗岩地面 200m²，结合层为 1∶3 水泥砂浆（32.5 级水泥），其余做法同装饰消耗量定额水泥砂浆粘贴花岗岩子目，试计算该地面的直接费。

　　补充：1∶3 水泥砂浆（32.5 级）材料预算价为 151.35 元/m³

　　　　　1∶4 水泥砂浆（325#）材料预算价为 124.73 元/m³

第八章　墙柱面装饰工程

【学习内容】　本章内容主要包括墙柱面装饰的作用及构造层次；抹灰工程的构造及施工工艺；常用饰面装饰工程的材料及适用范围、建筑构造和施工工艺；幕墙装饰工程的建筑构造与工艺；隔墙、隔断的种类及构造做法；墙柱面装饰工程的主要定额项目内容和工程量计算规则；墙柱面工程量计算方法等。

【学习目的】　掌握抹灰工程的构造做法，掌握常见饰面工程的建筑构造及施工做法，掌握铝合金玻璃幕墙的构造做法，掌握轻钢龙骨隔墙的构造做法，掌握墙柱面装饰工程的主要定额项目内容和工程量计算方法。

第一节　建筑构造及施工工艺

1. 墙柱面饰面的构造层次

墙柱面饰面装修的基本构造层次一般分为三大部分，具体如下。

① 基体或基层。装修面层依附在建筑物结构的基体或基层上。一般把建筑物的主体结构或围护结构，称为"基体"；把附着在主体结构上用来支托饰面层的骨架和用来找平构造的层次，称为"基层"。旧建筑物的原有饰面层有时也是新饰面的"基层"。基层包括实体基层和骨架基层两种。

② 功能层。当墙体需要满足保温、隔热、防潮、防水、防火、隔声等要求时，应设功能层。

③ 饰面层。在建筑物最表面的覆盖层为饰面层。通常把饰面层作为饰面种类的名称。

2. 墙柱面饰面的分类

① 墙柱面工程按装饰面层材料和做法可分为：抹灰工程、饰面板（砖）工程、涂饰工程、裱糊与软包工程、幕墙工程，以及隔墙与隔断工程等五种。

② 按部位可分为外墙装饰、内墙装饰等。

一、抹灰装饰工程

将水泥、砂子、石灰膏、水等一系列材料拌和起来，直接涂抹在建筑物的表面，形成连续均匀抹灰层的做法称为抹灰工程。抹灰工程不仅可以保护建筑结构，而且为进一步装饰提供基础条件。因其造价低廉、施工简便、耐久性、装饰性较好，而在建筑墙体装饰中得到广泛应用。

（一）抹灰工程的种类

抹灰的类型常见的有一般抹灰、装饰抹灰和特种砂浆抹灰。

1. 一般抹灰

一般抹灰是指采用石灰砂浆、混合砂浆、聚合物水泥砂浆、膨胀珍珠岩水泥砂浆、麻刀灰、纸筋灰、石膏灰等材料的抹灰。一般抹灰可用于外墙装饰也可以用于内墙装饰。

根据质量要求和主要工序的不同，抹灰一般又分为高级抹灰、中级抹灰和普通抹灰三个级别。其适用范围、主要工序及外观质量要求，如表 8.1 所示。

表 8.1 一般抹灰的适用范围、主要工序及外观质量要求

级 别	适用范围	主要工作	外观质量要求
高级抹灰	适用于大型公共建筑、纪念性建筑物（如影剧院、礼堂、宾馆、展览馆和高级住宅等）以及有特殊要求的高级建筑等	一层底层、数层中层和一层面层，阴阳角找方，设置标筋，分别赶平，表面压光	表面光滑、洁净，颜色均匀，无抹纹，灰线平直方正，清晰美观
中级抹灰	适用于一般居住、公共和工业建筑（如住宅、宿舍、办公楼、教学楼等）以及高级建筑物中的附属用房等	一层底层、一层中层和一层面层（或一层底层和一层面层）。阴阳角找方，设置标筋，分层赶平修整，表面压光	表面光滑、洁净，接槎平整，灰线清晰顺直
普通抹灰	适用于简易住宅、大型设施和非居住性的房屋（如汽车库、仓库、锅炉房等）以及建筑物中的地下室、储藏室等	一层底层和一层面层（或不分层一遍成活）。分层赶平、修整，表面压光	表面光滑、洁净，接槎平整

2. 装饰抹灰

装饰抹灰是指应用不同施工方法和不同面层材料形成具有特定的质感、纹理及色泽效果的抹灰类型和施工方式。装饰抹灰的底层和中层的做法与一般抹灰基本相同，只是面层材料和做法有所不同。装饰抹灰可分为以下两类。

（1）水泥石灰类装饰抹灰 主要包括粒毛灰、洒毛灰、搓毛灰、扫毛灰和拉条灰等。

（2）水泥石粒类装饰抹灰 主要包括水刷石、干粘石、斩假石、假面砖等。

对于较大规模的饰面工程，应综合考虑其用工用料和节能、环保等经济效益与社会效益等多方面的重要因素，例如水刷石，由于其浪费水资源并对环境有污染，应尽量减少使用。

（二）抹灰工程的组成

抹灰一般分为底层、中层和面层。底层，又称"括糙"，主要起与基层黏结和初步找平的作用，底层砂浆可采用石灰砂浆、水泥石灰混合砂浆和水泥砂浆；中层，又叫"二道糙"，起进一步找平的作用，所用砂浆一般与底层灰相同；面层，主要是使表面光洁美观，以达到装饰效果，室内墙面抹灰，一般还要做罩面。当饰面用其他装饰材料（如瓷砖、金属板等）时，抹灰工程只有底层和中层。抹灰的组成、作用、基层材料和一般做法，如表 8.2 所示。

表 8.2 抹灰的组成、作用、基层材料和一般做法

层次	作 用	基层材料	一 般 做 法
底层	主要起与基层牢固黏结的作用，兼起到初步找平的作用。砂浆稠度为 10～12cm	砖墙基层	室内墙面一般采用石灰砂浆、混合砂浆
		混凝土基层	室外墙面、门窗洞口的外侧壁、屋檐、勒脚、压檐墙等及湿度较大的房间和车间，宜采用水泥砂浆或水泥混合砂浆
		加气混凝土基层	宜先刷素水泥浆一道，采用水泥砂浆或水泥混合砂浆打底 高级装饰顶板宜采用乳胶水泥砂浆打底，打底前先刷一道界面剂
		硅酸盐砌块基层	宜用水泥混合砂浆打底

层次	作 用	基层材料	一般做法
中层	主要起找平作用,砂浆稠度为7~8cm		基本与底层相同 根据施工质量要求可以一次抹灰,也可以分次进行
面层	主要起装饰作用,砂浆稠度为10cm		要求大面平整、无裂纹,颜色均匀 室内一般采用麻刀灰、纸筋灰、玻璃丝灰。高级墙面用石膏灰浆。装饰抹灰采用拉毛灰、拉条灰、扫毛灰等。保温、隔热墙面用膨胀珍珠岩灰 室外常用水泥砂浆、水刷石、干粘石等

（三）抹灰工程施工常用的机械

抹灰工程施工常用的机械，主要包括砂浆搅拌机、纸筋灰搅拌机、粉碎淋灰机和喷浆机等。砂浆搅拌机主要搅拌抹灰的砂浆，常用规格有 200L 和 325L 两种；纸筋灰搅拌机主要用于搅拌纸筋石灰膏、玻璃丝石灰膏或其他石灰膏；粉碎淋灰机主要淋制抹灰砂浆用的石灰膏；喷浆机主要用于喷水或喷浆，有手压和电动两种。

（四）一般抹灰工程施工工艺

1. 内墙

内墙抹灰的工艺流程为：交验→基层处理→找规矩→做灰饼→做标筋→抹门窗护角→抹大面（底、中层灰）→面层抹灰。

2. 顶棚

顶棚抹灰施工工艺流程为：交验→基层处理→找规矩→抹底、中层灰→抹面层灰。

3. 外墙

外墙抹灰施工工艺流程为：交验→基层处理→找规矩→挂线、做灰饼→做标筋→铺抹底、中层灰→弹线粘贴分格条→铺面层灰→勾缝。

二、饰面装饰工程

饰面装饰工程是把饰面材料镶贴（或者安装）固定在建筑结构表面的一种装饰方法，达到美化环境、保护结构和满足使用功能的作用。饰面材料的种类很多，常用的有天然饰面材料和人工合成饰面材料两大类，如天然石材、微薄木、实木板、人造板材、饰面砖、合成树脂饰面板材、复合饰面复合板材等。

（一）饰面材料及适用范围

在饰面工程中，最常用的饰面材料主要有：墙面罩面板、天然石材饰面板、人造石材饰面板、饰面砖和金属饰面板等，如表 8.3 所示。

表 8.3　饰面材料的种类、特点及适用范围表

项次	种 类	材料特点	适用范围
1	墙面罩面板	具有防潮、耐火、防蛀、防霉和耐久的优异性能，其表面不仅具有丰富的色彩、质感和花纹，而且不需要安装后再进行表面装饰，是室内墙面装饰的最佳选择材料	用于室内墙柱面装饰
2	天然石材饰面板	主要包括天然大理石和天然花岗岩饰面两类	天然大理石主要用于室内墙柱面、台面等部位装饰。天然花岗岩主要适用于高级民用建筑或永久性纪念建筑的墙面、地面、台面、台阶及室外装饰

项次	种 类	材 料 特 点	适 用 范 围
3	人造石饰面板	主要有人造大理石、人造花岗岩、人造玉石和预制水磨石等板材	用于室内柱面装饰
4	饰面砖	品种、规格、图案和颜色繁多，色彩鲜艳，制作精致，价格适宜。主要有外墙面砖、内墙面砖、陶瓷锦砖和玻璃锦砖等	外墙面砖主要用于商店、餐厅、旅馆、展览馆、图书馆、公寓等民用建筑的外墙装饰 内墙面砖适用于室内墙面装饰、粘贴台面等 陶瓷锦砖用于地面，也可用于内外墙装饰等 玻璃锦砖主要适用于商场、宾馆、影剧院、图书馆、医院等建筑外墙装饰
5	金属饰面板	按组成材料可分为单一材料板和复合材料板两种。单一材料板是只有一种质地的材料。如钢板、铝板、铜板、不锈钢板等。复合材料板是由两种或两种以上质地的材料组成，如铝塑板、搪瓷板、烤漆板、镀锌板、彩色塑料膜板、金属夹心板等	主要适用外内墙装饰

（二）墙面罩面板的施工

墙面罩面板是建筑装饰中的一种传统的饰面工艺方法，它具有安装简便、耐久性能好、装饰效果好和避免湿作业的特点。常见的罩面板有传统的各种木质护墙板、木墙裙，还有现在大量使用的不锈钢板、铝合金板、镀锌板、铝塑板等。本书仅介绍三种典型材料木质护墙板、塑料护墙板、镜面板的安装。

1. 木质护墙板的安装施工

其施工工艺为：基层检查及处理→固定木龙骨→铺装木质板材罩面。

2. 塑料护墙板墙面的安装

塑料护墙板墙面安装施工方法有粘贴和钉结两种方法。

（1）粘贴法

硬质 PVC 塑料装饰板饰面多用粘贴法施工，胶黏剂用聚醋酸乙烯胶。

（2）钉结法

安装塑料护墙复合板时，通常采取先钻孔后安装固定的方法。固定和拼缝处理有两种方法。

① 用木螺钉加垫固定。木螺钉钉距一般为 400~500mm。钉帽应排列整齐，拼缝外露。

②用金属压条固定。先用钉子将罩面板临时固定，然后加盖金属压条，用垫圈找平。

3. 镜面饰面安装

镜面饰面是以玻璃镜作罩面板的墙面罩面饰面。这种饰面起到了扩大空间、反射景物、创造环境气氛的作用。

施工要点如下。

（1）基层防潮处理和龙骨安装固定。

（2）铺钉衬板 为使玻璃镜安装平整垂直，固定牢固，在木筋上铺钉 15mm 厚木衬板或 5mm 厚胶合板。要求衬板表面无翘曲、起皮现象，表面平整、清洁。板与板之间缝隙应在竖木筋处，并按设计要求在衬板上弹出分块镜面尺寸的墨线。

（3）镜面安装

① 镜面钻孔。用螺钉固定的镜面要钻孔。钻孔的位置一般在镜面的边角处。一般做法是：在钻孔位置中心用玻璃钻钻一小孔，再在电钻上安装合适的钻头，钻孔直径大于螺钉直径。启动钻机时，要不断往镜面钻孔浇水，防止电钻过热使玻璃开裂。

② 镜面固定。镜面的固定有四种方法，如图 8-1～图 8-4 所示。

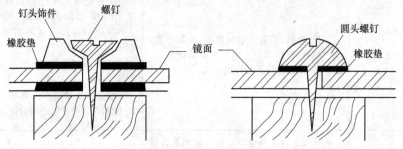

图 8-1　螺钉固定镜面

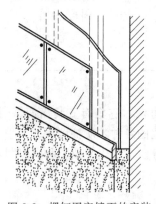

图 8-2　螺钉固定镜面的安装

图 8-3　嵌钉固定镜面安装

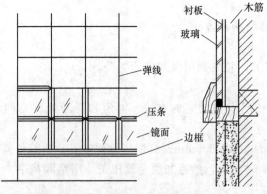

图 8-4　托压固定在镜面安装

（三）饰面砖镶贴施工

饰面砖镶贴是指把各种装饰块材通过镶贴的方法固定在建筑结构的表面，达到美化环境、保护结构和满足使用功能的作用。常用的贴面材料有天然或人造石材、陶瓷锦砖等。

1. 外墙面砖镶贴施工工艺

外墙面砖是以陶土为原料，半干压法成型，经高温煅烧而成的粗炻类制品。其质地坚实，吸水率较小（不大于 10%），色调美观，耐水抗冻，经久耐用。外墙砖的质量要求为表面光洁，质地坚固，尺寸、色泽一致，不得有暗痕和裂纹。

（1）构造做法　面砖饰面的构造做法如图 8-5 所示，是先在基层上抹 1∶3 水泥砂浆做底灰，厚 15mm 左右。黏结砂浆用 1∶2.5 水泥砂浆或 1∶0.2∶2.5 的水泥石灰混合砂浆，也可采用掺 108 胶（水泥重的 5%～10%）的 1∶2.5 水泥砂浆粘贴。其黏结砂浆的厚度不小于 10mm。然后，在其上贴面砖，并用 1∶1 水泥细砂浆填缝。

（2）机具　贴面装饰中常用的有：切割面砖用的手动切割机和电热切割器；饰面砖打眼

用的打眼机和钻孔的手电钻等。

（3）施工工艺　其工艺流程为：基层处理→吊垂直、套方、找规矩→贴灰饼→抹底层砂浆→弹线分格→排砖→浸砖→镶贴面砖→面砖勾缝与擦缝。

2. 内墙面砖镶贴施工工艺

内墙面砖镶贴的施工工艺流程为：基层处理→抹底、中层灰找平→弹线分格→选面砖→浸砖→做标志块→铺贴→勾缝→清理。

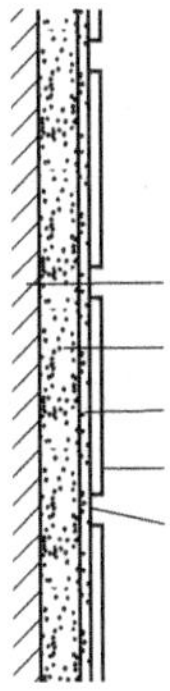

3. 陶瓷锦砖和玻璃锦砖的施工工艺

（1）材料　陶瓷锦砖（俗称马赛克）是以优质瓷土烧制成片状小瓷砖再拼成各种图案反贴在底纸板的饰面材料。其质地坚硬，经久耐用，耐酸、耐碱、耐磨，不渗水，吸水率小（不大于 0.2％），是优良的室内外墙面（或地面）饰面材料。陶瓷锦砖成联供应，每联的尺寸一般为 305.5mm×305.5mm。

玻璃锦砖是用玻璃烧制而成的小块贴于纸板而成的材料。其表面光滑、吸水率低，耐大气腐蚀，耐热、耐冻、不龟裂。其背面呈凹形有材线条，四周有八字形斜角，使其与基层砂浆粘贴牢固。玻璃锦砖每联的规格为 325mm×325mm。

（2）施工工艺

① 陶瓷锦砖施工工艺流程为：基层处理→抹找平层→排砖、分格、放线→镶贴→揭纸、调整→擦缝。

② 玻璃锦砖因其表面光滑、吸水率极低，其粘贴施工与陶瓷锦砖有所不同。其施工工艺流程为：基层处理→抹找平层→排砖、分格、放线→玻璃锦砖刮浆→镶贴→拍板赶缝→揭纸、调整→擦缝。

（四）石材饰面板的安装施工

1. 材料特点

（1）天然大理石饰面板、花岗岩饰面板　在第七章已作过介绍，在此不再赘述。

（2）文化石　文化石是一种俗称，包含内容大致有以下几种。

① 石板。包括板岩、锈板、彩石面砖、瓦板等，用于室内地面，内、外墙面及屋面瓦。

② 砂岩。包括硅质砂岩、钙质砂岩、铁质砂岩、泥质砂岩四类。性能以硅质砂岩最佳，依次递减。前三类应用于室内、外墙面和地面装饰。泥质砂岩遇水软化不宜用作装饰材料。

③ 石英岩。指硅质砂岩的变质岩，其强度大、硬度高，耐酸、耐久性优于其他石材。用于室内、外的墙面、地面。

④ 蘑菇石。采用花岗岩石材加工而成，其边缘整齐、中部不规则凸起，立体感强、装饰效果好，用于外墙、内墙及屋面。

⑤ 艺术石。外观具有不规则沉积式的层状结构，有天然石材和人造石材两类，用作内墙和外墙装饰。

⑥ 乱石。包括卵石、乱形石板等，用于外墙面、地面装饰。

（3）人造石饰面板材　人造石饰面板材有聚酯型人造大理石饰面板、水磨石饰面板和水刷石饰面板等。聚酯型人造石饰面板是以不饱和聚酯为胶凝材料，以石英砂、碎大理石、方解石为骨料，经搅拌、入模成型、固化而成的人造石材。其产品光泽度高，颜色可随意调配，耐腐蚀性强，是一种新型人造饰面材料。规格尺寸可按设计要求预制，板面尺寸较大时，为增强其抗弯强度，板内常配有钢筋，同时板材背面设有挂钩，安装时可防止脱落。

基层

15厚1:3水泥砂浆打底

10厚1:0.2:2.5水泥石灰混合砂浆

面砖

1:1水泥砂浆勾缝

图 8-5　面砖饰面构造

2.饰面板的施工工艺

(1) 挂贴法　又称镶贴法，构造做法具体如下。

① 先在墙、柱面上预埋铁件；

② 绑扎用于固定面板的钢筋网片，网片为φ6双向钢筋网，竖向钢筋间距不大于500mm，横向钢筋间距应与板材连接孔网的位置一致，如图8-6所示；

③ 在石板的上下部位钻孔剔槽（图8-7所示），以便穿钢丝或铅丝与墙面钢筋网片绑牢，固定板材；

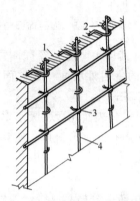

图 8-6　钢筋网绑扎示意图

1—墙体；2—预埋件；3—横向钢筋；
4—竖向钢筋

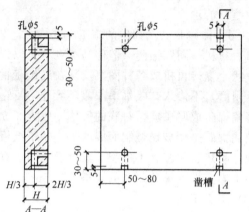

图 8-7　石材钻孔示意图

④ 安装石板，用木楔调节板材与基层面之间的间隙宽度；

⑤ 石板找好垂直、平整、方正，并临时固定；

⑥ 用1：2.5或1：2水泥砂浆（稠度一般为80～120mm）分层灌入石板内侧缝隙中，每层灌浆高度150～200mm；

⑦ 全部面层石板安装完毕，灌注砂浆达到设计强度等级的50%后，用白水泥砂浆擦缝，最后清洗表面、打蜡擦亮。

大理石（花岗岩）板的安装如图8-8所示。

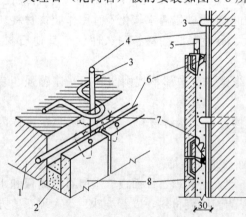

图 8-8　石材安装示意图

1—墙体；2—灌注水泥砂浆；3—预埋件；4—竖筋；
5—固定木楔；6—横筋；7—钢筋绑扎；8—大理石板

(2) 粘贴法　包括水泥砂浆粘贴和干粉型黏结剂粘贴两种。水泥砂浆粘贴法的做法具体如下。

① 先清理基层，在硬基层混凝土墙面上刷YJ-302黏结剂一道；

② 用1：3水泥砂浆打底、找平，砖墙面平均厚度12mm，混凝土墙面10mm；

③ 1：2.5水泥砂浆黏结层贴大理石（花岗岩）板，黏结层厚度6mm；

④ 擦缝，去污打蜡抛光。

粘贴法的装饰构造如图8-9所示。

(3) 干挂法　干挂法根据板材的加工形式分为普通干挂法和复合墙板干挂法。

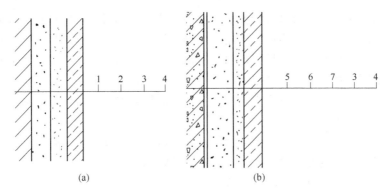

(a)　　　　　　　　　　(b)

图 8-9　水泥砂浆粘贴大理石（花岗岩）板构造层次图

1—砖墙体；2—12 厚 1∶3 水泥砂浆打底；3—6 厚 1∶2.5 水泥结合层；4—大理石（花岗岩）板面层；
白水泥调剂擦缝、打蜡；5—混凝土墙体；6—YJ-302 黏结层；7—10 厚 1∶3 水泥砂浆打底

　　① 普通干挂法。普通干挂法是直接在饰面板厚度面和反面开槽或孔，然后用不锈钢连接与安装在钢筋混凝土墙体内的膨胀金属螺栓或钢骨架相连接。板缝间加泡沫塑料阻水条，外用防水密封胶作嵌缝处理。该种方法多用于 30m 以下的建筑外墙饰面。普通干挂法构造见图 8-10，施工见图 8-11。

　　② 复合墙板干挂法。复合墙板干挂法是以钢筋细石混凝土作衬板，磨光花岗岩薄板为面板，经浇筑形成一体的饰面复合板，并在浇筑前放入预埋件，安装时用连接器将板材与主

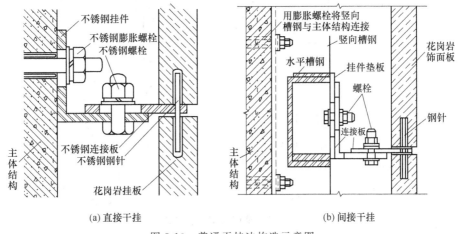

(a)直接干挂　　　　　　　　　(b)间接干挂

图 8-10　普通干挂法构造示意图

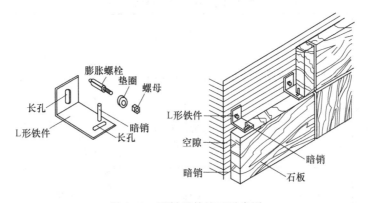

图 8-11　石材干挂施工示意图

体结构的钢架相连接。复合板可根据使用要求加工成不同的规格，常做成一开间一块的大型板材。加工时花岗岩面板通过不锈钢连接环与钢筋混凝土衬板接牢，形成一个整体，为防止雨水的渗漏，上下板材的接缝处设两道密封防水层，第一道在上、下花岗岩面板间，第二道在上、下钢筋混凝土衬板间。复合墙板与主体结构间保持一空腔。这种做法施工方便、效率高、节约石材，但对连接件质量要求较高。适用于高层建筑的外墙饰面，高度不受限制。

三、幕墙装饰工程

幕墙是悬挂在建筑主体结构外侧的围护墙体。因其通常质轻，外观形如罩在建筑物外的一层薄的帷幕，因而称为建筑幕墙。幕墙按帷幕饰面材料不同，可分为玻璃幕墙、石材幕墙、金属幕墙等。本书重点介绍玻璃幕墙。

（一）材料

1. 幕墙骨架

幕墙骨架是玻璃幕墙的支承体系，它承受玻璃传来的荷载，然后将荷载传给主体结构。建筑幕墙的骨架材料有铝合金挤出型材和金属板轧制型材两种。断面有工字形、槽形、方管形等（图8-12）。型材规格及断面尺寸是根据骨架所处位置、受力特点和大小决定的。表8.4所列为常用国产铝合金型材玻璃幕墙系列的骨架断面尺寸、特点及适用范围。

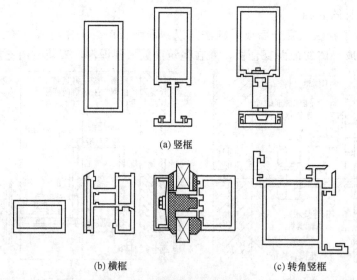

(a) 竖框

(b) 横框   (c) 转角竖框

图8-12 幕墙骨架型材断面

表8.4 常用铝合金型材玻璃幕墙特点及适用范围

名　称	竖框断面尺寸 ($h \times b$)	特　点	适用范围
简易通用型幕墙	网格断面尺寸同铝合金门窗	简易、经济、网格通用性墙	幕墙高度不大的部位
100系列铝合金玻璃幕墙	100mm×50mm	结构构造简单，安装方便，连接支座可采用固定连接	楼层高≤3m,框格宽≤1.2m,使用强度≤2000N/m²,总高50m以下的建筑
120系列铝合金玻璃幕墙	120mm×50mm	同100系列	同100系列

续表

名　称	竖框断面尺寸 ($h \times b$)	特　点	适用范围
140 系列铝合金玻璃 幕墙	140mm×50mm	制作容易,安装维修方便	楼层高≤3.6m,框格宽≤1.2m,使用强度≤2400N/m²,总高 80m 以下的建筑
150 系列铝合金玻璃 幕墙	150mm×50mm	结构精巧,功能完善,维修方便	楼层高≤3.9m,框格宽≤1.5m,使用强度≤3600N/m²,总高 120m 以下的建筑
210 系列铝合金玻璃 幕墙	210mm×50mm	属于重型、标准较高的全隔热玻璃幕墙,功能全,但结构构造复杂,造价高。所有外露型材与室内部分用橡胶垫分隔,形成严密的断冷桥	楼层高≤3.2m,框格宽≤1.5m,使用强度≤2500N/m²,总高 100m 以下的建筑的大分格结构的玻璃幕墙

注：1. 120 系列～210 系列玻璃幕墙可设单层或中空玻璃。高层建筑时要进行强度、刚度设计。

2. 根据设计需要,幕墙上可开设各种窗（如上悬、中悬、内倒、并开、推拉窗）或通风换气窗。但开窗总面积不宜大于 25%。

2. 玻璃

玻璃幕墙饰面的玻璃种类很多,主要有浮法透明玻璃、热反射玻璃（镜面玻璃）、吸热玻璃、夹层玻璃、中空玻璃以及钢化玻璃、夹丝玻璃等。

玻璃幕墙常用的单层玻璃厚度一般为 6mm、8mm、10mm、12mm、15mm、19mm；夹层玻璃的厚度一般为 (6+6)mm、(8+8)mm（中间夹聚氯乙烯醇缩丁醛片,干法合成）；中空玻璃厚度有 (6mm+空气厚度+5mm)、(6mm+空气厚度+6mm)、(8mm+空气厚度+8mm) 等,幕墙宜采用钢化玻璃、半钢化玻璃、夹层玻璃,有保温隔热性能要求的幕墙宜选用中空玻璃。

3. 封缝材料

封缝材料是用于处理玻璃幕墙玻璃与框格,或框格相互之间缝隙的材料,如填充材料、密封材料和防水材料等。

填充材料主要有聚乙烯泡沫胶条、聚苯乙烯泡沫胶条等。形式有片状、圆柱状等。填充材料主要用于填充框格凹槽底部的间隙。

密封材料采用较多的是橡胶密封条,嵌入玻璃两侧的边框内,起密封、缓冲和固定压紧的作用。

防水材料常用的是硅酮系列密封胶,在玻璃装配中,硅酮胶常与橡胶密封条配合使用。内嵌橡胶条,外封硅酮胶。

4. 连接固定件

连接固定件是指玻璃幕墙骨架之间以及骨架与主体结构构件（如楼板）之间的结合件。连接固定件多采用角钢垫板和螺栓,不用焊接连接,这是因为采用螺栓连接可以调节幕墙变形（图 8-13 所示）。

5. 装饰件

装饰件主要包括后衬墙（板）、扣盖件以及窗台、楼地面、踢脚、顶棚等与幕墙相接触的构部件,起装饰、密封与防护的作用。

后衬墙（板）内可填充保温材料,提高整个玻璃幕墙的保温性能（图 8-14）。

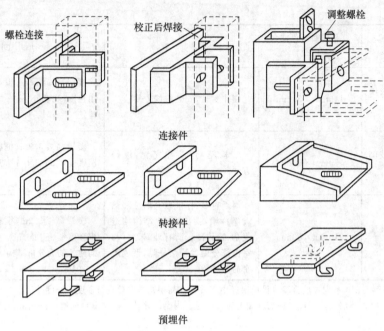

图 8-13　连接固定件示意图

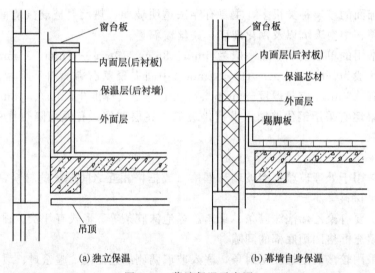

图 8-14　幕墙保温示意图

（二）构造做法

（1）全隐框玻璃幕墙　其构造是将玻璃用结构胶预先粘贴在玻璃框上，玻璃框固定在铝合金构件组成的骨架上，即玻璃框的上框挂在铝合金骨架体系的横框上，其余三边用不同的方法固定在骨架的竖框及横框上。由于玻璃框及铝合金骨架体系均隐在玻璃后面，形成一个大面积的有色玻璃镜面反射屏幕墙，因而称其为全隐框玻璃幕墙。

（2）半隐框玻璃幕墙　有竖隐横明和竖明横隐玻璃幕墙两种。前者只是铝合金竖框隐在玻璃后面，玻璃安放在横框的玻璃镶嵌槽内，槽外加盖铝合金压板，盖在玻璃外面；后者是竖向采用玻璃嵌槽内固定，横向采用结构胶粘贴。

（3）明框玻璃幕墙　这种构造形式无论是用型钢为骨架，还是用特殊的铝合金型材作为玻璃框和骨架的兼用材料，竖横骨架在整个幕墙立面上都能显示出来。

（4）挂架式玻璃幕墙（点连接玻璃幕墙）　这是采用四爪式不锈钢挂件与立柱焊接，设置在上下左右四块玻璃的交角处，挂件的四个爪分别与四块玻璃的一个孔相连接，即一个挂件同时与四块玻璃相连接，或者说一块玻璃固定在四个挂件上。玻璃的四角各钻一孔，一般为20mm的孔。

（5）无骨架玻璃幕墙　又称结构玻璃，通常是以间隔一定距离设置的吊钩或以特殊的型材从上部将玻璃悬吊起来。吊钩或特殊型材固定在槽钢主框架上，再将槽钢悬吊于梁或板底下。同时，在上下部各加设支排框架和支排横档，以增强玻璃墙的刚度。这种幕墙多用于建筑物首层，类似落地窗。

（三）施工工艺

玻璃幕墙的施工方式除挂架式和无骨架式外，又可分为单元式（工厂组装式）和元件式（用场组装式）两种。由于元件式不受层高和柱网尺寸的限制，是目前应用较多的一种，它适用于明框、隐框和半隐框幕墙。

1. 单元式幕墙的安装工艺

单元式幕墙的现场安装工艺流程如下：

测量放线→检查预埋T形槽位置→穿入螺钉→固定牛腿→牛腿精确找正→焊接牛腿→将V形和W形胶带大致挂好→起吊幕墙并垫减震胶垫→紧固螺丝→调整幕墙平直→塞入和热压接防风带→安设室内窗台板、内扣板→填塞与梁、柱间的防火、保温材料

2. 元件式幕墙的安装工艺（以明框幕墙为例）

明框玻璃幕墙安装工艺流程如下：

检验、分类堆放幕墙部件→测量放线→主次龙骨装配→楼层紧固件安装→安装主龙骨（竖杆）并抄平、调整→安装次龙骨（横杆）→安装保温镀锌钢板→在镀锌钢板上焊铆螺钉→安装层间保温矿棉→安装楼层封闭镀锌板→安装单层玻璃窗密封条、卡→安装单层玻璃→安装双层中空玻璃密封条、卡→安装双层中空玻璃→安装侧压力板→镶嵌密封条→安装玻璃幕墙铝盖条→清扫→验收、交工

3. 无骨架玻璃幕墙安装工艺

首先要对悬吊系统和支撑系统做测量定位，然后将吊钩及特殊型材用螺栓固定在槽钢主框架上，如图8-15所示。其次，为了增强玻璃结构的刚度，还应设置与面部玻璃呈垂直的

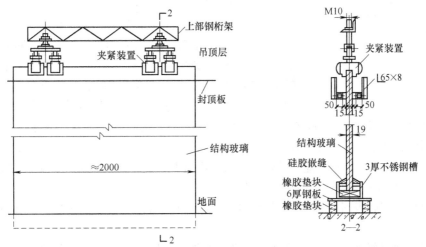

图 8-15　无骨架幕墙构造示意图

肋玻璃，如图 8-16 所示。肋玻璃有三种相交形式，每种形式都应在交接处留有一定的间隙，并用硅酮系列封缝胶封闭。

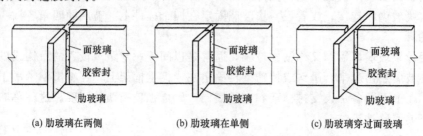

(a) 肋玻璃在两侧　　　　　(b) 肋玻璃在单侧　　　　　(c) 肋玻璃穿过面玻璃

图 8-16　玻璃肋与玻璃面交接处理示意图

四、隔墙、隔断工程

隔墙是用来分隔建筑物内部空间的，要求自身质量轻，厚度薄，拆装灵活方便，具有一定的表面强度、刚度、稳定性及防火、防潮、防腐蚀、隔声等能力。隔墙按其选用的材料和构造，可分为砌体隔墙、板材式隔墙、骨架式隔墙等。

隔断也是用来分隔建筑物内部空间的，但通常不做到顶，达到阻挡视线、美化环境、通风采光即可。隔断包括活动隔断（可装拆、推拉和折叠）和固定隔断；按其外部形式又可分为空透式、移动式、屏风式、帷幕式和家具式等。

（一）立筋式隔墙与隔断的施工

立筋式隔墙多以木方和型钢作为骨架材料，在龙骨上按照设计要求安装各种轻质装饰罩面板材。

1. 木龙骨隔墙与隔断的施工

（1）木龙骨架结构形式　木龙骨隔断墙的木龙骨由上槛、下槛、主柱（墙筋）和斜撑组成，如图 8-17 所示。按立面构造，木龙骨隔断墙分为全封隔断墙、有门窗隔断墙和半高隔断墙三种类型。

（2）木龙骨隔墙的安装工艺　隔墙木龙骨架的安装工艺流程如下：弹线打孔→固定木龙骨→木龙骨架与吊顶的连接→固定板材。

2. 轻钢龙骨纸面石膏板隔墙施工

轻钢龙骨纸面石膏板隔墙是以薄壁轻钢龙骨为支承骨架，在支承龙骨骨架上安装纸面石膏板而构成的。薄壁轻钢龙骨，应采用镀锌铁皮或黑铁皮制作的带钢，或薄壁冷轧退火钢卷带为原料，冷弯机滚轧冲压成的轻骨架支承材料。凡用黑铁皮，均应在出厂前涂防锈漆层，而镀锌铁皮则反之。

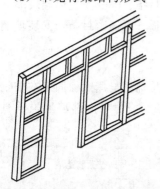

图 8-17　木龙骨隔墙组成示意图

轻钢龙骨纸面石膏板隔墙，使传统的湿作业演变成为干作业，极大地减轻了现场劳动强度。此种隔墙装饰效果好、安装方便、设置灵活、拆卸方便、并具有质量轻、用钢量少、刚度大、强度高、能防火、隔热、隔声等多种特点。适用于高层建筑、加层的隔墙；尤其适于多层工业厂房、洁净车间、多层公共建筑、宾馆、饭店、办公楼等建筑的轻质墙。如图 8-18。

（1）材料　轻钢龙骨纸面石膏板隔墙所用的材料包括：薄壁轻钢龙骨、纸面石膏板以及填充材料等。

（2）轻钢龙骨纸面石膏板隔墙构造　轻钢龙骨一般用于现装石膏板隔墙，亦可用于水泥刨花板隔墙、稻草板隔墙、纤维板隔墙等。不同类型、规格的轻钢龙骨，可组成不同的隔墙

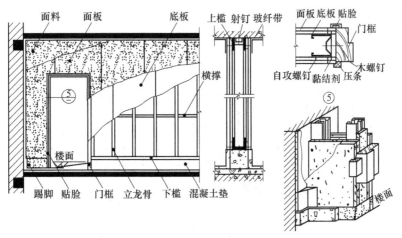

图 8-18 轻钢龙骨隔墙组成示意图

骨架构造。一般是用沿地、沿顶龙骨与沿墙、沿柱龙骨（竖龙骨）构成隔墙边框，中间立若干竖向龙骨，作为主要承重龙骨。有些类型的轻钢龙骨，还要加通贯横撑龙骨和加强龙骨；竖向龙骨间距应根据石膏板宽度而定，一般在石膏板板边、板中各放置一根，间距不大于 600mm；当墙面装修层质量较大，如瓷砖面层等，则龙骨间距以不大于 420mm 为宜；当隔墙高度增大时，龙骨间距应适当缩小。隔墙龙骨架由不同龙骨类型或体系根据隔墙要求分别确定，如图 8-19 所示。

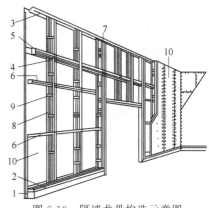

图 8-19 隔墙龙骨构造示意图

1—混凝土踢脚座；2—沿地龙骨；3—沿顶龙骨；
4—竖龙骨；5—横撑龙骨；6—通贯横撑龙骨；
7—加强龙骨；8—贯通孔；9—支撑卡；
10—石膏板

（二）板式隔墙的施工

板式隔墙是隔墙与隔断中最常用的一种形式，常用的条板材料有：加气混凝土条板、石膏条板、石膏复合条板、石棉水泥板面层复合板、压型金属板面层复合板、泰柏板及各种面层的蜂窝板等。板式隔墙具有不需要设置墙体龙骨骨架，采用高度等于室内净高的条形板材进行拼装的特点。

1. 加气混凝土条板隔墙施工

（1）条板构造及规格 加气混凝土条板是以钙质材料（水泥、石灰）、含硅材料（石英砂、尾矿粉、粉煤灰、粒化高炉矿渣、页岩等）和加气剂作为原料，经过磨细、配料、搅拌、浇注、切割和压蒸养护（8 或 15 个大气压下养护 6～8h）等工序制成的一种多孔轻质墙板。条板内配有适量的钢筋，钢筋宜预先经过防锈处理，并用点焊加工成网片。

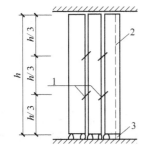

图 8-20 加气混凝土条板用
铁销、铁钉横向连接示意图

1—铁销；2—铁钉；3—木楔

（2）加气混凝土条板的安装 加气混凝土条板隔墙一般采用垂直安装，板的两侧应与主体结构连接牢固，板与板之间用砂浆粘贴，沿板缝上下各 1/3 处按 30°角钉入金属片。加气混凝土条板上下部的连接，一般采用刚性节点做法：即在板的上端抹黏结砂浆，与梁或楼板的底部粘贴，下部两侧用木楔顶紧，最后在下部的缝隙用细石混凝土填实（如图 8-20，图 8-21 所示）。

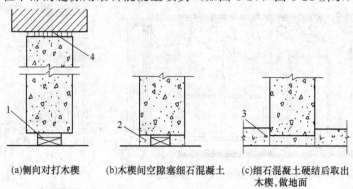

(a)侧向对打木楔　(b)木楔间空隙塞细石混凝土　(c)细石混凝土硬结后取出
木楔，做地面

图 8-21　隔墙板上下连接构造方法之一
1—木楔；2—细石混凝土；3—地面；4—砂浆

2. 石膏条板隔墙施工

石膏板是以建筑石膏为主要原料生产制成的一种质量轻、强度高、厚度薄、加工方便、隔声、隔热和防火性能较好的建筑材料。石膏板有纸面石膏板、无面纸纤维石膏板、装饰石膏板、石膏空心条板等多种。

施工中常用石膏空心条板。石膏空心条板的一般规格，长度为 2500～3000mm，宽度为 500～600mm，厚度为 60～90mm。石膏空心条板表面平整光滑，且具有质轻、强度高、隔热、隔声、防火、加工性好、施工简便等优点。其品种按原材料分，有石膏粉煤灰硅酸盐空心条板、磷石膏空心条板和石膏空心条板，按防潮性能可分为普通石膏空心条板和防潮空心条板。

（1）一般构造　石膏空心条板一般用单层板作分室墙和隔墙，也可用双层空心条板，内设空气层或矿棉组成分户墙。单层石膏空心板隔墙，也可用割开的石膏板条做骨架，板条宽为 150mm，整个条板的厚度约为 100mm，墙板的空心部位可穿电线，板面上固定开关及插销等，可按需要钻成小孔，塞粘圆木固定于上。石膏空心条板隔墙板与梁（板）的连接，一般采用下楔法，即下部与木楔楔紧后，灌填干硬性混凝土。其上部固定方法有两种：一种为软连接，另一种为直接顶在楼板或梁下。为施工方便较多采用后一种方法。墙板之间，墙板与顶板以及墙板侧边与柱、外墙等之间均用 107 胶水泥砂浆粘贴。凡墙板宽度小于条板宽度时，可根据需要随意将条板锯开再拼装粘贴。

（2）施工工艺　石膏空心板隔墙的施工顺序为：墙位放线→立墙板→墙底缝填塞混凝土→嵌缝。

第二节　工程量计算方法

一、定额项目划分

墙、柱面工程定额项目主要从以下五个方面划分：①按抹灰施工工艺划分，即将工艺上有相同之处、材料上有相近之处的装饰抹灰项目归为一类；②按镶贴施工工艺划分，即将镶贴施工工艺相近、工作内容和操作程序也有相似之处的镶贴块料项目归为一类；③按龙骨类型和饰面材料的不同划分，龙骨可分为木龙骨基层和轻钢龙骨基层等，饰面可分为墙纸、丝绒、人造革、塑料板、胶合板、硬木条、石膏板、镜面玻璃等面层；④幕墙按面层材料可分为玻璃幕墙和铝塑板幕墙；⑤隔墙、隔断等内容。如某地区装饰工程消耗量定额包括如下项目，图 8-22 所示。

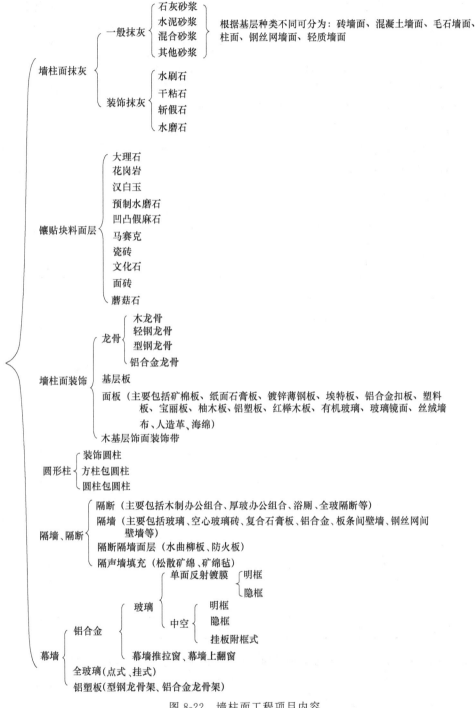

图 8-22　墙柱面工程项目内容

二、说明

（一）墙柱面抹灰

1. 一般抹灰

（1）砂浆种类、配合比　当其与设计规定不同时，可按设计规定调整。

① 同种类砂浆，配合比不同时，只换算砂浆配合比，砂浆用量不变。

【例 8-1】　设计要求混凝土矩形柱，底层抹 12mm 厚 1：3 水泥砂浆（32.5 级水泥），面层抹 8mm 厚 1：2 水泥砂浆（32.5 级水泥），材料检验试验费率为 0.2％。应如何套定额？

已知查得价目汇总表 B2-33 子目预算基价：1037.51 元/100m²。其中：人工费 634.75 元/100m²；材料费 383.12 元/100m²；机械费 19.64 元/100m²。

查得相关材料价格：1：3 水泥砂浆（325# 水泥）143.27 元/m³；1：3 水泥砂浆（32.5 级水泥）151.35 元/m³；1：2.5 水泥砂浆（325# 水泥）159.55 元/m³；1：2 水泥砂浆（32.5 级水泥）181.55 元/m³。

解　本问题可套如表 8.5 所示 B2-33 子目，子目中底层为 1：3 水泥砂浆（325# 水泥）12mm 厚；面层为 1：2.5 水泥砂浆（325# 水泥）8mm 厚；故套定额时只须进行砂浆配合比单价换算，消耗量不变。

表 8.5　B2-33 矩形混凝土柱面抹水泥砂浆子目

工作内容：1. 清理、修补、湿润基层表面，调运砂浆、分层抹灰找平、刷浆，洒水湿润、罩面压光、扫落地灰。

2. 阳台、雨篷包括板底抹灰。　　　　　　　　　　　　　　　　　单位：100m²

定额编号		B2-30	B2-31	B2-32	B2-33	B2-34	B2-35
项目		水泥砂浆抹面				阳台、雨篷（水平投影）	井壁池壁
		独立柱面					
		多边形、圆形		矩形			
		砖柱	混凝土柱	砖柱	混凝土柱		
		14mm+6mm	12mm+8mm	14mm+6mm	12mm+8mm		
名称	单位	数量					
人工 综合工日	工日	33.38	35.86	22.94	25.39	80.13	19.45
材料 水泥砂浆 1：3	m³	1.55	1.33	1.55	1.33	0.62	2.55
水泥砂浆 1：2	m³					2.75	
水泥砂浆 1：2.5	m³	0.67	0.89	0.67	0.89		
混合砂浆 1：3：9	m³					1.13	
纸筋灰浆 1：2.5	m³					0.22	
素水泥浆	m³		0.10		0.10	0.25	
107 胶	kg		2.76		2.76	6.90	
工程用水	m³	0.57	0.57	0.57	0.57	1.29	
机械 灰浆搅拌机 200L	台班	0.37	0.37	0.37	0.37	0.79	0.43

换算后的定额基价＝换算前的定额基价＋（换入砂浆单价－换出砂浆单价）×定额消耗量

将 B2-33 子目中的 1：3 水泥砂浆（325# 水泥）换为 1：3 水泥砂浆（32.5 级水泥），1：2.5 水泥砂浆（325# 水泥）换为 1：2 水泥砂浆（32.5 级水泥）

B2-33 换：634.75＋383.12×1.002＋19.64＋（151.35－143.27）×1.33×1.002＋

（181.51－159.55）×0.89×1.002

＝1038.28＋10.77＋19.58

＝1068.63（元/100m²）

即：每 100m² 混凝土矩形柱抹水泥砂浆定额基价为 1068.63 元。

② 砂浆种类不同时，应注意不同砂浆的损耗率及偏差系数（见表8.6）是否有差别。当损耗率及偏差系数无差别时，只换算砂浆种类，砂浆消耗量不变；当损耗率及偏差系数有差别时，既要换算砂浆种类，又要调整砂浆的消耗量。

表 8.6 砂浆损耗率及偏差系数

砂浆名称	石灰砂浆	混合砂浆	水泥砂浆	麻刀(纸筋)灰浆	素水泥浆	水泥石子浆	纸筋石膏浆	TG砂浆	TG胶浆	石英砂浆	珍珠砂浆
损耗率/%	1	2	2	1	1	2	1	2	1	2	2
偏差系数/%	9	9	9	5	—	9	5	9	—	9	9

【例 8-2】 设计要求砖墙面抹 1∶3 石灰砂浆三遍 16mm 厚，纸筋灰浆罩面 2mm，试套定额并换算砂浆种类和配合比。

已知查得价目汇总表 B2-5 子目预算基价：580.04 元/100m²。其中：人工费 405.5 元/100m²；材料费 156.5 元/100m²；机械费 18.04 元/100m²。相关材料价格：1∶3 石灰砂浆 48.82 元/m³；1∶3∶9 混合砂浆：84.48 元/m³。

解 可套定额 B2-5 子目，如表 8.7 所示。定额规定砂浆厚度共 16mm，其中 1∶3 石灰砂浆 6mm 厚，1∶3∶9 混合砂浆 10mm 厚。故换算时应注意，不同砂浆换算，存在损耗率不同的问题。

表 8.7 B2-5 砖墙面抹石灰砂浆子目

工作内容：清理、修补、湿润基层表面、堵墙眼、调运砂浆、分层抹灰找平、刷浆、洒水湿润、罩面压光（包括门窗洞口侧壁及护角线抹灰），清扫落地灰。

单位：100m²

定额编号			B2-5	B2-6	B2-7	B2-8
项　目			石灰砂浆三遍			
			砖墙	混凝土墙	轻质墙	钢丝(板)墙
			10mm+6mm		9mm+9mm	
名　称		单位	数量			
人工	综合工日	工日	16.22	21.19	17.38	16.73
材料	石灰砂浆 1∶3	m³	0.68	0.68	1.01	
	水泥砂浆 1∶2	m³	0.03	0.03	0.03	
	混合砂浆 1∶3∶9	m³	1.13	1.14	1.02	
	水泥石灰麻刀砂浆 1∶1∶2	m³				1.04
	石灰麻刀砂浆 1∶3	m³				1.03
	纸筋灰浆 1∶2.5	m³	0.22	0.22	0.22	0.22
	素水泥浆	m³		0.11		
	107 胶	kg		3.00	10.92	
	工程用水	m³	0.54	0.54	0.62	0.38
机械	灰浆搅拌机 200L	台班	0.34	0.34	0.38	0.38

由于混合砂浆损耗率为 11%，石灰砂浆损耗率为 10%，所以换入的石灰砂浆消耗量应为：

$$1.13 \div 1.11 \times 1.10 = 1.12 \ (\text{m}^3/100\text{m}^2)$$

则 B2-5 换：$405.50 + 156.50 \times 1.002 + 18.04 + (48.82 \times 1.12 \times 1.002 - 84.48 \times 1.13 \times 1.002)$

$= 580.35 + (54.79 - 95.65)$

$= 539.49 \ (\text{元}/100\text{m}^2)$

(2) 抹灰厚度 按不同的砂浆分别列在定额项目里，同类砂浆列总厚度，不同砂浆分别列出厚度。

如定额 B2-5 子目中（10+6）mm，即表示两种不同砂浆的各自厚度。定额取定厚度与设计不同时，可按抹灰砂浆厚度调整子目换算。

【例 8-3】 设计要求，砖墙面上抹水泥砂浆 20mm 厚，其中底层 1:3 水泥砂浆（32.5 级水泥）14mm，面层为 1:2 水泥砂浆（32.5 级水泥）6mm。试套定额并调整抹灰的厚度及配合比。

已知查得价目汇总表 B2-23 子目预算基价：744.72 元/100m²。其中：人工费 416.00 元/100m²；材料费 310.15 元/100m²；机械费 18.57 元/100m²。

解 可套装饰定额 B2-23 子目，如表 8.8 所示。按设计要求应换算抹灰厚度和砂浆配合比。

表 8.8 砖墙面抹水泥砂浆子目　　　　　　单位：100m²

定额编号		B2-23	B2-24	B2-25
项目		水泥砂浆		
		砖墙	混凝土墙	毛石墙
		13mm+5mm		24mm+6mm
名称	单位	数量		
人工 综合工日	工日	16.64	19.18	21.78
材料 水泥砂浆 1:3	m³	1.50	1.50	2.77
水泥砂浆 1:2.5	m³	0.58	0.58	0.69
素水泥浆	m³		0.11	
107 胶	kg		2.84	
工程用水	m³	0.55	0.55	0.78
机械 灰浆搅拌机 200L	台班	0.35	0.35	0.58

当涉及砂浆种类（或配合比）和厚度两方面换算时，应先换算砂浆种类，即先把定额中的砂浆换成设计要求的砂浆种类（或配合比）。然后，再调整砂浆厚度。

① 换算砂浆种类：将定额子目 1:2.5 水泥砂浆（325# 水泥）换为 1:2 水泥砂浆（32.5 级水泥），1:3 水泥砂浆（325# 水泥）换为 1:3 水泥砂浆（32.5 级水泥）。因是同类砂浆换算，故不存在损耗率不同的问题。

B2-23 换：$(416.00 + 310.15 \times 1.002 + 18.57) + (181.51 - 159.55) \times 0.58 \times 1.002 +$

$\qquad (151.35 - 143.27) \times 1.50 \times 1.002$

$= 745.34 + 12.76 + 12.14$

$= 770.24 \ (\text{元}/100\text{m}^2)$

② 厚度换算可套装饰定额 B2-62 水泥砂浆每增减 1mm 子目，如表 8.9 所示。

查得价目汇总表 B2-62 子目预算基价：22.31 元/100m²。其中：人工费 2.00 元/100m²；

表 8.9 B2-62 水泥砂浆抹灰层每增减 1mm 子目

工作内容：调运砂浆 单位：100m²

定额编号		B2-61	B2-62	B2-63
项 目		抹灰层每增减 1mm		
		石灰砂浆	水泥砂浆	混合砂浆
名 称	单位	数量		
人工 综合工日	工日	0.08	0.08	0.07
材料 石灰砂浆 1：2.5	m³	0.11		
水泥砂浆 1：2.5	m³		0.12	
混合砂浆 1：1：6	m³			0.12
工程用水	m³	0.02	0.02	0.02
机械 灰浆搅拌机 200L	台班	0.02	0.02	0.02

材料费 19.25 元/100m²；机械费 1.06 元/100m²。

先将该子目中的 1：2.5 水泥砂浆（325#水泥）换为 1：2 水泥砂浆（32.5 级水泥）。

则 B2-62 换：$(2.00＋19.25×1.002＋1.06)＋(181.51－159.55)×0.12×1.002$

$＝22.35＋2.64$

$＝24.99（元/100m²）$

然后，将 B2-62 子目中 1：2.5 水泥砂浆（325#水泥）换为 1：3 水泥砂浆（32.5 级水泥）

B2-62 换：$(2.00＋19.25×1.002＋1.06)＋(151.35－159.55)×0.12×1.002$

$＝22.35＋(－0.99)$

$＝21.36（元/100m²）$

③ 将已经调整了砂浆种类的 B2-23 子目中底层 1：3 水泥砂浆 13mm 厚换为 14mm 厚，面层 1：2 水泥砂浆 5mm 厚换为 6mm 厚。

B2-23 换：$770.24＋24.99＋21.36＝816.59（元/100m²）$

④ 按设计要求换算后的定额 B2-23 子目基价为 816.59 元/100m²。

（3）圆弧形、锯齿形及不规则墙面抹灰 应按相应子目人工乘以系数 1.15。

（4）一般抹灰的"零星项目" 适用于各种壁柜、碗柜、过人洞、暖气壁龛、池槽、花台以及 0.5m² 以内的抹灰。一般抹灰的"零星线条"适用于窗台线、门窗套、挑檐、腰线、压顶、遮阳板、宣传栏边框等凸出墙面或抹灰面展开宽度小于 300mm 的竖、横线条抹灰。

（5）小型地沟、管沟、电缆沟、地槽等的抹灰 当其展开面积小于或等于 0.5m² 时，套一般抹灰"零星项目"子目；当其展开面积大于 0.5m² 时，立面套相应墙面抹灰子目，平面套相应地面子目，且人工均乘以系数 1.25。

（6）墙面抹石灰砂浆、混合砂浆的水泥护角线 已考虑在定额内，不另计算。

（7）墙面抹白灰砂浆、混合砂浆、水泥砂浆定额 应按不分格、不嵌条考虑，设计要求分格或嵌条时，可按装饰抹灰中分格嵌缝项目增加工料。

2. 装饰抹灰

（1）装饰抹灰的"零星项目" 适用于挑檐、天沟、腰线、门窗套、压顶、栏板扶手、遮阳板周边、池槽、厕所蹲台以及 0.5m² 以内的抹灰。

（2）水刷石、干粘石、斩假石、水磨石等项目

① 面层设计采用白水泥者，面层配比中普通水泥可换成白水泥，用量不变；

② 凡需加颜料的项目，可按每立方米砂（石子）浆增加颜料 20kg 计算；

③ 采用色石子或大理石石子的石子浆时，石子浆配合比中的石子可换算，但配比用量不变；

④ 水刷石、水磨石定额项目中，已考虑了结合层与面层之间的素水泥浆一道工序。装饰抹灰的基层为混凝土面层时，按规范需刷素水泥浆或界面剂一道者，在定额中未包括。

（二）墙、柱面镶贴块料

① 镶贴块料装饰是按水泥砂浆粘贴、黏结剂粘贴和干挂三种施工方法编制的。

② 墙、柱面镶贴块料水泥砂浆粘贴和黏结剂粘贴项目，均考虑了打底及抹结合层的人工、材料、机械，打底砂浆和结合层砂浆的种类、配合比、厚度，如设计与定额规定不同时，可以调整。其中厚度调整时可执行抹灰砂浆厚度调整子目。

③ 干挂块料子目是按直接安装在墙面上考虑的，如设计要求有钢架时，另按本章墙柱面干挂石材骨架子目计算。

④ 镶贴块料面层，如遇圆弧形、锯齿形及不规则的墙面时，按相应子目人工乘以系数 1.15 执行。

⑤ 块料面层（勾缝）子目，当勾缝宽度超过子目规定宽度时，其块料及灰缝材料用量可以调整，其他不变。

⑥ 块料镶贴的"零星项目"适用于挑檐、天沟、腰线、窗台板、窗台线、门窗套、压顶、栏板扶手、遮阳板、雨篷周边以及 0.5m² 以内的零星项目。

⑦ 石材块料面层子目均不包括倒角、切割、抛光、防护处理，发生时可另套相应子目或编制补充定额。

⑧ 定额中圆形石材柱面、柱帽、柱墩、腰线及方形石材柱帽、柱墩等子目是按成品安装考虑的。

（三）墙、柱面饰面

① 饰面装饰是按龙骨、基层板、面层装饰分别编制的。

② 各种墙柱面层、隔墙（断）定额内（除注明者外）均未包括压条、封边线、装饰线（板），设计要求时可另套装饰线条相应子目或编制补充定额。

③ 定额中木龙骨、木基层及面层均未包括刷防火涂料和防潮处理，木基层板直接安在墙面上未包括刷防腐油，设计要求时可另套相应子目。

④ 木、轻钢、型钢、铝合金龙骨的材料规格（断面）、间距，与设计要求不同时，可以调整龙骨用量。

⑤ 立面圆弧木龙骨，系指将砖墙或混凝土墙的 90°墙角，装饰成圆弧形拐角而设置的龙骨，在外可贴木质基层板及各种饰面板。

⑥ 木质基层板平面圆弧造型及宝丽板、柚木板、铝塑板等饰面圆弧造型，系指在墙柱的垂直投影面上的造型。

⑦ 各种饰面软包"带衬板"与"不带衬板"，系指软包时的工艺不同。带衬板是将面料（或面料和泡沫塑料）绷在厚 5mm 的胶合板上，再钉或粘在墙上，这块胶合板称之为"衬板"。不带衬板是指将面料（或面料和泡沫塑料）直接绷在墙面上，用线条封边。

⑧ 木基层饰面装饰带，是墙面软包、绘画或拼花造型的分格带，其外形有宽有窄、有横有竖。定额考虑用 18mm 厚胶合板做基层，另粘贴铝塑板和柚木板做装饰面层安装在墙面上，并用线条封边。

装饰带易与木线条混淆，故作如下界定：凡制作工艺与装饰带定额考虑相同者，不论其外形宽、窄、横、竖，均按装饰带以"m²"计算。凡制作工艺与装饰带定额不同者，其宽度在 150mm 以内者执行装饰线条子目以"延长米"计算；宽度在 150mm 以上者，执行装

图 8-23　装饰带

饰带子目以"m²"计算。装饰带示意图见图 8-23。

⑨ 装饰圆柱是一种假柱，即原建筑无柱体而用型钢或木方材做龙骨，用胶合板包成圆形后镶贴各种装饰面层的圆柱。装饰圆柱如设置混凝土基座时，另行计算。

⑩ 各种隔断定额项目中，凡注明"双面包"或"双面镶贴"者，均以单面计算工程量。

⑪ 幕墙子目中龙骨的规格、间距与设计规定不同时，可以调整龙骨用量。

⑫ 幕墙中空玻璃及铝挂板，以成品安装为准。挂板附框式中空玻璃成品中包括了附框材料。

⑬ 玻璃幕墙、隔墙如设计有上翻窗、推拉窗者，扣除窗所占面积，窗另按相应定额计算。

⑭ 不锈钢包柱定额是按成型的不锈钢板安装编制的。

三、墙、柱面工程量计算规则

(一) 抹灰工程量

1. 内墙抹灰工程量

(1) 计算规则　内墙面抹灰面积，应扣除门窗洞口和空圈所占的面积，不扣除踢脚线、挂镜线、0.3m² 以上孔洞和墙与构件交接处的面积，洞口侧壁和顶面亦不增加，墙垛和附墙烟囱侧壁面积并入计算。墙内梁、柱等的抹灰，按墙面抹灰定额计算，其凸出墙面的梁、柱抹灰工程量，按展开面积计算。

内墙裙抹灰面积按内墙净长乘以高度计算。应扣除门窗洞口和空圈所占的面积，门窗洞口和空圈的侧壁面积不另增加。墙垛、附墙烟囱侧壁面积并入墙裙抹灰面积计算。

(2) 说明

① 无墙裙的，其高度按室内地面或楼面至天棚底面之间的距离计算。

② 有墙裙的，其高度按墙裙顶至天棚底面之间的距离计算。

③ 钉板条天棚的内墙抹灰，其高度按室内地面或楼面至天棚底面另加 100mm 计算。

【例 8-4】　见图 8-24 的 1 室、2 室，已知进户门 1.2m×2.4m，内室门 0.9m×2.1m，室内净高 3.6m。试计算抹灰工程量。

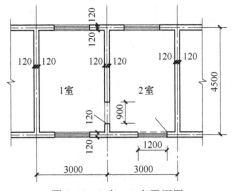

图 8-24　1 室、2 室平面图

解　墙面抹灰工程量＝长×高－∑应扣除面积＋∑应增加面积

＝(4.50－0.24＋3.00－0.24)×2×2×3.6－

　　　　1.2×2.4【进户门】−0.9×2.1×2【内室门】

＝94.43（m²）

2. 外墙抹灰工程量

（1）外墙一般抹灰

① 计算规则如下。

外墙抹灰面积按外墙垂直投影面积计算，但要扣除门窗洞口、外墙裙和大于 0.3m² 孔洞所占面积，洞口侧壁面积亦不增加，附墙垛、梁、柱等侧面抹灰砂浆种类和墙面抹灰相同时，面积应合并计算，若不相同者应分开计算。

外墙裙抹灰面积按长度乘以高度计算。扣除门窗洞口和大于 0.3m² 的孔洞所占的面积，门窗洞口及孔洞的侧壁亦不增加。

窗台线、门窗套、挑檐、腰线、遮阳板等展开宽度在 300mm 以内者，按零星线条以延长米计算。如展开宽度超过 300mm 时，按图示尺寸以展开面积计算；其中，展开面积等于或小于 0.5m² 的，套零星抹灰定额；展开面积在 0.5m² 以外的，执行墙面定额，且人工乘以系数 1.3。

栏杆、栏板（包括立柱、扶手或压顶）抹灰按立面垂直投影面积乘以 2.2 系数，以平方米计算。

阳台、雨篷抹灰按水平投影面积计算，定额中已包括了底面、上面、侧面及牛腿的抹灰面积。但阳台的栏板、栏杆抹灰，应另列项目，按相应定额计算。

② 计算公式如下。

外墙面抹灰面积：外墙长（$L_{外}$）×外墙高−门窗洞口、空圈面积−外墙裙面积和大于 0.3m² 孔洞面积＋垛、梁、柱侧面积。

③ 说明如下。

a. 外墙 $L_{外}$ 指外墙外边线长度。

b. 外墙高有以下几种情形：

有挑檐沟的，由室外地坪算至挑檐下皮，如图 8-25；

无挑檐天沟，由室外地坪算至压顶板下皮，如图 8-26；

坡顶屋面带檐口顶棚者，由室外地坪算至檐口顶棚下皮，如图 8-27。

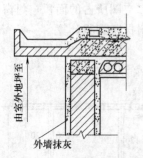

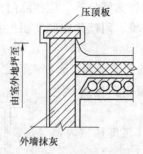

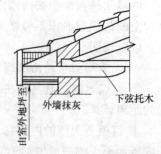

图 8-25　外墙抹灰计算高度　　　图 8-26　外墙抹灰计算高度　　　图 8-27　外墙抹灰计算高度
　示意图（有挑檐天沟）　　　　　示意图（无挑檐天沟）　　　　　示意图（坡屋面带槽口顶棚）

（2）外墙装饰抹灰　外墙各种装饰抹灰均按图示尺寸以面积计算。应扣除门窗洞口、空圈的面积，其侧壁面积不另增加。

挑檐、天沟、腰线、栏板、栏杆、窗台线、门窗套、压顶等，均按图示尺寸展开面积以平方米计算，执行零星项目装饰抹灰定额。

3.其他工程量

① 独立柱一般抹灰、装饰抹灰按结构断面周长乘以柱的高度以平方米计算。

② 勾缝按墙面垂直投影面积计算，应扣除墙裙和墙面抹灰面积，不扣除门窗套和腰线等零星抹灰及门窗洞口所占面积，但垛及门窗侧面的勾缝面积亦不增加。

（二）镶贴块料、饰面工程量

1.计算规则

① 墙面镶贴块料面层，墙面饰中各种龙骨、基层板、面层均按饰面外围尺寸以平方米计算。

② 隔墙、隔断、护壁板，均按图示尺寸净长乘以净高以平方米计算，扣除门窗口及 $0.3m^2$ 以上的孔洞所占面积，附墙垛及门、窗侧壁面积并入计算。

③ 玻璃隔墙、隔断按上横档顶面至下横档底面之间高度乘以宽度（两边立挺外边线之间），以平方米计算。扣除门窗洞口面积，门窗另按相应项目列项计算。

④ 铝合金、不锈钢隔断、幕墙，按框外围尺寸以平方米计算。

⑤ 浴池、游泳池及其池槽镶贴块料面层按饰面尺寸展开面积以平方米计算。

2.说明

① 墙裙高度以 300mm 以上为准，否则按踢脚线计算。

② 梁面、柱面、柱帽、柱墩镶贴块料面层，均按梁、柱、柱帽、柱墩饰面尺寸以平方米计算。腰线按延长米计算。

③ 有天棚吊顶的墙、柱面块料面层及装饰的基层，计算面积时可按图示尺寸高度增加 100mm 计算。

④ "零星项目"。镶贴块料面层均按饰面外围尺寸展开面积以平方米计算。

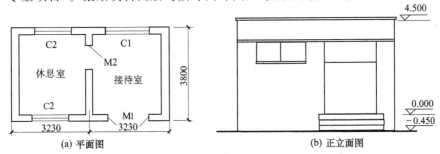

(a) 平面图　　　　　　　　　　(b) 正立面图

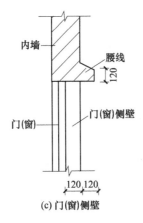

(c) 门(窗)侧壁

图　　　内外墙面装饰工程计算图

【例 8-5】 某工程如图 8-28 所示，室内做 1200mm 高的内墙裙：木龙骨（断面 25mm×30mm，间距 300mm×300mm），基层 12mm 木质基层板衬板，其上粘柚木饰面板。砖墙面抹 1：2 水泥砂浆打底，1：1：4 混合砂浆找平层，1：1：6 混合砂浆面层，共 20mm 厚。外墙水泥砂浆粘贴规格 152mm×76mm 外墙釉面砖，灰缝 5mm。

相关数据：内、外墙厚均为 240mm；门扇为木龙骨水曲柳面层，其中 M1 为 1500mm×2100mm，M2 为 900mm×2100mm；C1 为 1500mm×1500mm；C2 为 1200mm×800mm；室内净高 3.5m；外墙顶标高 4.5m；设计室外地坪标高−0.45m。

根据图计算内墙抹灰、外墙贴面砖、窗台线、腰线等项目工程量。

解 ① 外墙贴面砖工程量计算如下：

块料墙面工程量＝按设计图示尺寸展开面积计算

外墙面砖工程量＝(3.23×2+3.8)×2×(4.50+0.45)−(1.5×2.1)【M1】−(1.50×1.50)【C1】−(1.20×0.80)×2【C2】+[(1.5+2.1×2)【M1侧壁】+1.5×4【C1侧壁】+(1.2+0.8)×2×2【C2侧壁】]×0.12
＝96.62（m²）

② 内墙抹灰工程量计算如下：

室内墙面抹灰工程量＝主墙间净长度×墙面高度−门窗面积+垛的侧面抹灰面积

室内墙面一般抹灰工程量＝[(3.23×2−0.24×3)×2+(3.80−0.24×2)×4]×3.5−(1.50×2.1)【M1】−(1.50×1.50)【C1】−(1.20×0.80)×2【C2】
＝79.34（m²）

③ 腰线、窗台线贴面砖工程量计算如下：

根据"零星项目"贴块料面层工程量计算规则，其腰线、窗台线贴面砖按饰面外围尺寸展开面积以平方米计算。

腰线、窗台线贴面砖工程量＝(3.23×2+1.2)×(0.12×3)【展开宽】
＝2.76（m²）

【例 8-6】 某营业厅电脑主机房玻璃隔断构造如图 7-17 所示，隔断高度 2200mm，铝合金门 900mm×2100mm。计算其隔断制作工程量。

解 铝合金玻璃隔断工程量按框围面积计算，由图示尺寸可得：

铝合金玻璃隔断工程量＝(2.3×2+3.4)×2.2−0.9×2.1【门面积】
＝15.71（m²）

第三节　工程实训

一、工程做法

卧室墙面设计如图 8-29、图 8-30 所示。

卧室墙面工程做法如下。

(1) 一般抹灰面刷乳胶漆（墙面作法一）

① 刷乳胶漆两遍；

② 刮腻子两遍；

③ 6mm 厚 1：1：4 混合砂浆打底扫毛；

④ 14mm 厚 1：1：6 混合砂浆抹面压实抹光；

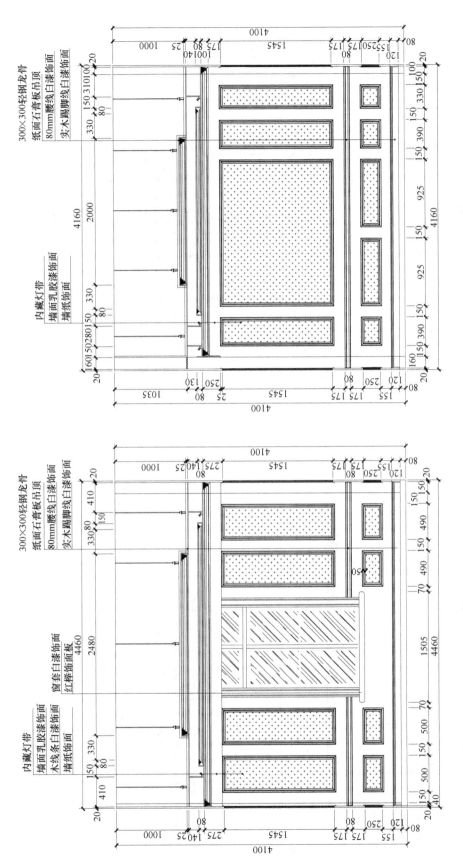

一层一号卧室B立面图 1:40

一层一号卧室A立面图 1:40

图 8-29　一层一号卧室 A、B 立面图

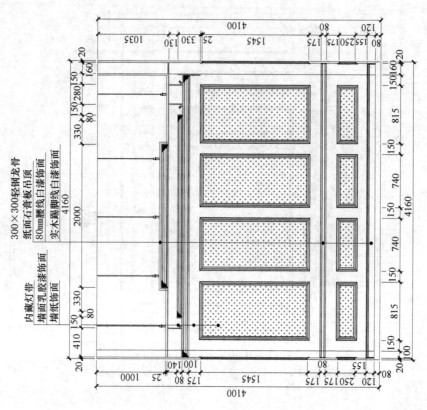

一层二号卧室D立面图1:40

一层二号卧室C立面图1:40

图 8-30　一层二号卧室 C、D 立面图

⑤ 砖墙。

（2）一般抹灰面贴壁纸（墙面作法二）

① 面层贴壁纸，四周50mm木线条聚酯亚光清漆；

② 刮腻子两遍；

③ 6mm厚1∶1∶4混合砂浆打底扫毛；

④ 14mm厚1∶1∶6混合砂浆抹面压实抹光；

⑤ 砖墙。

（3）木门套下水泥砂浆粘贴大理石

二、编制方法

（一）分析

1. 根据墙面做法，查某地区定额B2-36子目内容包括6mm厚1∶1∶4混合砂浆打底，14mm厚1∶1∶6混合砂浆抹面压实抹光，因此，列墙面抹混合砂浆一项，如表8.10所示。

表8.10　B2-36砖墙面抹混合砂浆子目

混合砂浆

工作内容：清理、修补、湿润基层表面；堵墙眼、调运砂浆、分层抹灰找平、刷浆、洒水湿润、罩面压光（包括门窗洞口侧壁及护角线抹灰），清扫落地灰。　　　　　　　　　　　　　单位：100m²

定额编号		B2-36	B2-37	B2-38
项目		混合砂浆		
		砖墙 14mm+6mm	混凝土墙 12mm+8mm	毛石墙 24mm+6mm
名称	单位	数量		
人工　综合工日	工日	17.38	19.93	23.54
材料　混合砂浆1∶1∶6	m³	1.59	1.36	2.73
混合砂浆1∶1∶4	m³	0.69	0.92	0.69
水泥砂浆1∶2	m³	0.02	0.02	0.04
素水泥浆	m³		0.11	
107胶	kg		2.87	
工程用水	m²	0.59	0.59	0.78
机械　灰浆搅拌机200L	台班	0.39	0.39	0.58

注：墙面作法一中①刷乳胶漆两遍；②刮腻子两遍及作法二中①贴壁纸；②涂刷底漆一遍；③刮腻子两遍，在后续第十一章油漆、涂料及裱糊饰面工程实训中反映。

2. 门套下贴石材，可查某地区定额B2-111子目，包括了水泥砂浆粘贴大理石的工料机消耗量，可列"粘贴大理石零星项目"，如表8.11所示。

因此，可列项目2个。

（二）工程量计算

1. 内墙抹灰

根据内墙抹灰工程量计算规则，内墙面抹灰面积，应扣除门窗洞口和空圈所占的面积，不扣除踢脚线、挂镜线、0.3m²以内的孔洞和墙与构件交接处的面积，洞口侧壁和顶面亦不增加。墙垛和附墙烟囱侧壁面积与内墙抹灰工程量合并。因此，此项目工程量为：

$$S = (4.46 \times 4.10 - 1.20 \times 2.10)【A立面】+(4.16 \times 4.10)【B立面】+(4.46 \times 4.10 - 0.9 \times 2.10)【C立面】+(4.16 \times 4.10)【D立面】=66.27（m^2）$$

2. 零星项目（门套下粘贴大理石）

根据镶贴块料、饰面工程量计算规则："零星项目"镶贴块料面层按饰面外围尺寸以平方米计算。

$$S=0.8\times2\times0.20+0.12\times2\times0.2=0.37\ (m^2)$$

表 8.11　B2-111 粘贴大理石零星项目子目

工作内容：1. 清理基层、调运砂浆、打底刷浆。

　　　　　2. 刷黏结剂，切割面料、镶贴块料面层。

　　　　　3. 磨光、擦缝、清理净面。　　　　　　　　　　　　　单位：100m²

定 额 编 号		B2-109	B2-110	B2-111	B2-112	B2-113
项　　目		粘贴大理石				
		水泥砂浆粘贴			黏结剂粘贴	
		砖墙面	混凝土墙面	零星项目	墙面	零星项目
名　　称	单位	数　　量				
人工　综合工日	工日	51.55	55.52	57.12	52.43	58.09
材料　大理石饰面板 雪花白 600mm×600mm×20mm	m³	102.00	102.00	105.00	102.00	105.00
水泥砂浆 1∶2.5	m³	0.66	0.66	0.74		
水泥砂浆 1∶3	m³	1.33	1.11	1.48	1.33	1.48
素水泥浆	m³		0.10	0.10		
白色硅酸盐水泥 白度80%	t	0.015	0.015	0.017	0.015	0.017
YJ-Ⅲ胶	kg	42.00	42.00	46.62		
干粉型黏结剂	kg				682.50	757.58
工程用水	m³	0.59	0.66	0.63	0.59	0.63
机械　灰浆搅拌机　200L	台班	0.33	0.30	0.37	0.22	0.25

注：门套中的①贴脸板和②筒子板，在后续第十章门窗装饰工程实训中反映。

【本章小结】

1. 墙柱面饰面装修的基本构造层次一般分为基体或基层、功能层和饰面层三大部分。

2. 抹灰一般分为底层、中层和面层。一般内墙抹灰的工艺流程为：交验→基层处理→找规矩→做灰饼→做标筋→抹门窗护角→抹大面（底、中层灰）→面层抹灰。

3. 饰面工程是把饰面材料镶贴（或者安装）固定在建筑结构表面的一种装饰方法，达到美化环境、保护结构和满足使用功能的作用。饰面材料的种类很多，常用的天然饰面材料和人工合成饰面材料两大类。

4. 铝合金玻璃幕墙一般包括幕墙骨架、玻璃、封缝材料、连接固定件和装饰件五部分。玻璃幕墙有全隐框玻璃幕墙、半隐框玻璃幕墙、明框玻璃幕墙、挂架式玻璃幕墙（点连接玻璃幕墙）、无骨架玻璃幕墙等五种做法。

5. 隔墙是用来分隔建筑物内部空间的，要求自身质量轻，厚度薄，拆装灵活方便，具有一定的表面强度、刚度、稳定性及防火、防潮、防腐蚀、隔声等能力。隔墙按其选用的材料和构造，可分为砌体隔墙、板材式隔墙、骨架式隔墙等。隔断也是用来分隔建筑物内部空间的，但通常不做到顶，达到阻挡视线、美化环境、通风采光即可。隔断包括活动隔断（可装拆、推拉和折叠）和固定隔断；按其外部形式又可分为空透式、移动式、屏风式、帷幕式和家具式等。

6. 墙、柱面工程定额项目主要包括抹灰施工项目、镶贴块料项目、饰面工程项目、幕墙工程和隔墙、隔断等内容。

【复习思考题】

1. 抹灰工程根据装饰效果可分为哪几种？

2. 一般抹灰各层的作用是什么？

3. 装饰抹灰的组成、作用和一般做法各是什么？

4. 一般抹灰中的内墙、顶棚、外墙施工工艺主要包括哪些方面？

5. 简述装饰工程上常用的饰面装饰材料种类、适用范围及施工机具。

6. 简述木质护墙板的施工准备工作及材料要求，其安装施工工艺。

7. 简述饰面板钢筋网片法的施工工艺。

8. 简述饰面板膨胀螺栓锚固法的施工工艺。

9. 建筑幕墙可以从哪几个方面进行分类？

10. 简述有框玻璃幕墙、无框玻璃幕墙、全玻幕墙各自的施工工艺。

11. 室内隔墙与隔断有何作用？如何对其进行分类？

12. 木龙骨隔断墙龙骨架有哪几种类型？

13. 简述隔墙轻钢龙骨的安装顺序及施工方法。

14. 简述石膏空心条板隔墙的安装顺序及施工方法。

15. 简述泰柏板隔墙在安装时的注意事项。

16. 外墙一般抹灰工程量怎样计算？

17. 墙面镶贴块料工程量怎样计算？

18. 隔断工程量怎样计算？

第九章 天棚工程

【学习内容】 本章内容主要包括天棚的构造、作用分类；天棚工程的定额项目内容及工程量计算规则。

【学习目的】 了解天棚的分类、构造和施工工艺；掌握天棚的工程量计算规则。

第一节 建筑构造及施工工艺

天棚又称顶棚或天花板，是楼板层或屋顶下面的装修层，是室内装饰工程的一个重要组成部分。可起到保温、遮蔽和装饰作用等。

一、天棚构造、作用及分类

天棚按其构造方式可分为直接式天棚和悬吊式天棚。

（一）直接式天棚

直接式天棚，通常指天棚抹灰，是指在楼板结构层下，直接喷刷饰面材料的一种构造方式。包括混凝土天棚、板条及其他木质面天棚、钢丝网天棚、装饰线抹石灰砂浆、水泥砂浆、混合砂浆等。多用于普通工程及室内高度受到限制的场所。

（二）悬吊式天棚

悬吊式天棚，又称为天棚吊顶，是指天棚装饰表面与楼板结构层之间留有一定的距离，中间可布置各种管线设备，如灯具、空调管道等。装修标准较高的房间，因使用、美观或其他特殊要求通常作吊顶处理。吊顶的形式可根据要求做成平面型、折线型、拱廊型、穹隆型或高低错落的迭级型等。

吊顶的构造（如图 9-1）一般由三部分组成：龙骨、基层板、饰面板。

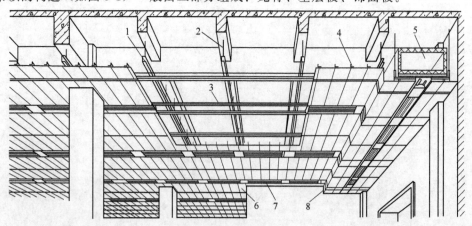

1—主龙骨；2—吊筋；3—次龙骨；4—间距龙骨；5—风道；6—吊顶面层；7—灯具；8—出风口

图 9-1 吊顶构造示意图

1. 龙骨

龙骨一般分为木龙骨、轻钢龙骨、型钢龙骨和铝合金龙骨、龙骨造型线条等。

常用的各种龙骨规格如表 9.1 所示。

表 9.1　常用各种龙骨规格表　　　　　　　　　　　　单位：mm

天棚类型	龙骨类型及名称		规　格	天棚类型	龙骨类型及名称		规　格
天棚木龙骨	普通天棚	大龙骨	50×70	T 形铝合金龙骨	轻钢	大龙骨	U50×15×1.5
		中龙骨	50×40		铝合金	中龙骨 T35	35×22
		小龙骨	40×30			小龙骨 T22	22×22
		木吊筋	50×50			边龙骨	∠22×22×1.5
U 形轻钢龙骨	上人型	大龙骨	U60×30×1.5	铝合金方板天棚龙骨	不上人型	轻钢大龙骨	U38×12×1.2
		中龙骨	U50×20×0.6		上人型	轻钢大龙骨	U60×30×1.5
	不上人型	大龙骨	U50×15×1.5		嵌入型	中龙骨	T30.5
		中龙骨	U50×20×0.6		浮搁式	中龙骨 T35	35×22
T 形烤漆面龙骨	轻钢	大龙骨	U38×12×1.2			小龙骨 T22	22×22
	T 形烤漆	大龙骨	38×24			边龙骨	∠22×22×1.5
		中龙骨	28×24	型钢龙骨	型钢龙骨	主龙骨	8# 槽钢
		边龙骨	∠22×22×1.5			次龙骨	角钢 50×50×5 及 30×30×3
H 形隐形龙骨	轻钢	大龙骨	U38×12×1.2			边龙骨	角钢 50×50×5
		H 形龙骨	16×20×20	灯饰网架		中龙骨	角钢 30×30×3
	烤漆	边龙骨	∠22×22×1.5			吊筋	1m² 1 根角钢 30×30×3

（1）木龙骨　根据悬吊的基层种类可分为吊在人字屋架上、搁在砖墙上和吊在混凝土板或梁下三种做法。龙骨规格当无设计要求时，通常为：主龙骨是 40mm×60mm 或 50mm×80mm；次龙骨是 50mm×50mm 或 40mm×40mm。

（2）轻钢龙骨　U 形装配式轻钢龙骨，按载重能力分为上人型与不上人型两种。轻钢龙骨由大龙骨、小龙骨、横撑龙骨和各种连接件组成。龙骨由吊杆钢筋固定在混凝土楼板下，不论上人型与不上人型，均采用 Φ8 长度 1000mm 的钢筋。一端焊接在长 40mm，规格 30mm×30mm×3mm 的角钢上，用膨胀螺栓将角钢与混凝土板底固定，中距 1100mm；另一端套丝加螺母、垫圈与大龙骨垂直吊挂件连接固定。其他主接件、次接件、平面连接件等，均用与龙骨配套的标准件连接。

（3）型钢龙骨　型钢龙骨吊顶适用于大跨度的球形网架结构，或吊顶面与承重结构标高相差较大的钢筋混凝土结构，是按在钢筋混凝土有梁板底做吊顶编制的。首先在钢筋混凝土梁的侧面，将长 150mm 的 8# 槽钢，用 M10mm×80mm 的膨胀螺栓与梁固定，然后将 8# 槽钢主龙骨的侧边与固定在梁上的短槽钢侧边焊接。主龙骨跨度 6m，间距 1.8m；次龙骨选用 30mm×30mm×3mm 的角钢，纵横焊接成网与主龙骨焊接；边龙骨选用 50mm×50mm×5mm 的角钢，用 M8mm×80mm 的膨胀螺栓固定在墙体上。使主、次、边龙骨全部焊接为一体，安装后刷防锈漆。

（4）其他金属龙骨　包括：T 形天棚龙骨、H 形隐形龙骨以及铝合金方板天棚龙骨等，其吊顶方法均与轻钢龙骨基本相同。

2. 天棚基层板

天棚基层板，是根据设计面层饰面板的需要而设置的，有的面层饰面板并不一定安装基层板，可根据设计要求选择应用。胶合板、纸面石膏板、埃特板虽然作为基层板，也可用于面层，故基层板中的胶合板、纸面石膏板、埃特板是基层或面层兼用的。

3. 天棚面层

天棚面层包括 3mm 胶合板、铝塑板、防火板、不锈钢磨砂板、磨砂玻璃、浮雕印花石膏板、矿棉板、铝方板、铝合金扣板、铝合金条板、波纹铝板网、石材、PVC 复合板、清水板条等。分别用钉接、粘接、搁置（浮搁式、嵌入式）等方法安装在基层板和龙骨上。

二、施工工艺

（一）天棚抹灰

抹灰等级和抹灰遍数、工序、外观质量的对应关系见表 9.2。

表 9.2　抹灰等级和抹灰遍数、工序、外观质量的对应关系表

	普通抹灰	中级抹灰	高级抹灰
遍数	二	三	四
主要工序	分层找平、修整、表面压光	阳角找方、设置标筋、分层找平、修整、表面压光	阴阳角找方，设置标筋，分层找平、修整、表面压光
外观质量	表面光滑、洁净、接槎平整	表面光滑、洁净、接槎平整、压线清晰、顺直	表面光滑、洁净、无抹纹压线、平直方正、清晰美观

抹灰施工工艺为：基层处理（凸出的混凝土表面、舌头灰等剔平；光滑的混凝土表面凿毛）→弹线→抹底灰→抹中层灰→抹罩面灰。

（二）悬吊式天棚

1. 木龙骨施工工艺

其施工工艺为：施工放线→木龙骨的拼接→安装吊点紧固件→固定沿墙木龙骨→龙骨吊装。

2. 轻钢龙骨吊顶施工工艺

其施工工艺为：弹线定位→固定吊点及安装吊杆→固定吊顶边部骨架材料→安装主龙骨→安装次龙骨，如图 9-2 所示。

3. 铝合金龙骨施工工艺

其施工工艺为：施工准备→弹线定位→固定悬吊体系→安装与调平龙骨。

4. 纸面石膏板罩面施工工艺

纸面石膏板的安装要求板材应在自由状态下就位固定，以防止出现弯棱、凸鼓等现象。纸面石膏板的长边（包封边），应沿纵向次龙骨铺设。板材与龙骨固定时，应从一块板的中间向板的四边循序固定，不得采用在多点上同时作业的做法。

用自攻螺钉铺钉纸面石膏板时，钉距以 150～170mm 为宜，螺钉应与板面垂直。自攻螺钉与纸面石膏板板边的距离：距包封边（长边）以 10～15mm 为宜；距切割边（短边）以 15～20mm 为宜。钉头略埋入板面，但不能致使板材纸面破损。在装钉操作中如出现有弯曲变形的自攻螺钉时，应予剔除，在相隔 50mm 的部位另安装自攻螺钉。纸面石膏板的拼接缝处，必须是安装在宽度不小于 40mm 的 C 形龙骨上；其短边必须采用错缝安装，错开距离应不小于 300mm。安装双层石膏板时，面层板与基层板的接缝也应错开，上下层板各自的接缝不得同时落在同一根龙骨上。板拼接缝的嵌缝材料主要有两种，一是嵌缝石膏

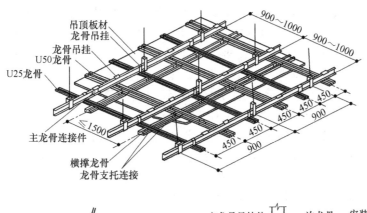

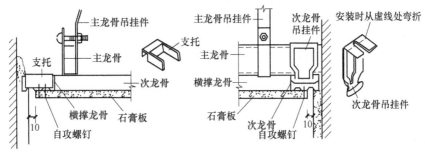

图 9-2　轻钢龙骨吊顶示意图

粉,二是穿孔纸带。

5. 人造胶合板罩面施工工艺

(1) 板材处理　将挑选好的木夹板正面朝上,按照吊顶龙骨分格情况,以骨架中心线尺寸画线,将板面画出方格后,才可保证在铺钉工序中能够将夹板准确地固定于木龙骨上。

根据设计要求,如需将板材分格分块装钉的,应按画线裁割木夹板。方形板块应注意找方,保证四角为直角。

如果对罩面板有防火要求,应在以上工序完毕后进行夹板块的防火处理。其方法是用 24 条方木把板材垫起,板材反面向上,用防火涂料涂刷或喷涂三遍,晾干后备用。

(2) 胶合板铺钉施工　为节省材料,避免在安装施工中出现差错,尽量使罩面效果美观,在正式装钉之前必须进行预排布置。对于无缝罩面(最终不要板缝),其排布形式有两种,一是整板居中,分割板布置于两侧;二是整板铺大面,分割板安排在边缘部位。另外,在罩面板上留出空调的冷暖风口、排气口、暗装灯具口等。

(3) 钉装面板　将胶合板正面朝下托起到预定位置,即从板的中间向四周展开铺钉,钉距依照画线确定,钉距在 150mm 左右均匀钉装,钉头沉入板面表层。

6. 矿棉装饰吸声板安装施工

矿棉装饰吸声板按其板面效果,有滚花板、浮雕板和印刷板等;按其棱边形式,有齐边板、楔形边板(榫边板)和企口板等。采用矿棉板作饰面,最宜于无附加荷载的轻便式吊顶,可以适应断面较小的轻钢和铝合金 T 形龙骨(或其变形龙骨);当配以轻钢 U 形(或 C 形)龙骨组装为双层吊顶骨架时,也可构成上人吊顶。

矿棉板的常用规格,常见的板面长宽为 600mm×600mm、600mm×300mm、1800mm×375mm 等方形板或矩形板,厚度 9～15mm 不等。有的产品表面带有凹槽线条,安装后的吊顶面更具装饰美感;板材与龙骨产品相配套,制成多种系列,使用者可作灵活选择。

矿棉板安装主要有以下三种方法。

(1) 平放搭接法 平放搭装或称搁置式安装，先将吊顶骨架安装就位，其 T 形龙骨的中距依吊顶板块的规格尺寸而定（选用市售成品或根据需要与生产厂协商确定板材规格），吊牢、吊平。龙骨按设计要求安装并检验合格后，即将矿棉板搁置于龙骨框格内，依靠 T 形龙骨的肢翼支承，并以金属定位夹（压板）压稳。施工中注意留出板材安装缝，每边缝隙在 1mm 以内。板块就位时应使板背面的箭头方向和白线方向一致，以保证吊顶装饰面的图案和花饰的整体性（表面无规律的压花板不需对花安装）。

(2) 企口板嵌装法 带企口边的矿棉板同其他各种企口边装饰板材一样，可以通过嵌装方式安装于 T 形金属龙骨上，形成暗装式吊顶镶板饰面效果，即板块嵌装后顶棚表面不露龙骨框格（或明露部分框格），T 形龙骨的两翼被吊顶板的咬接槽口所掩蔽。

(3) 复合安装法 此方法主要是指矿棉板与轻钢龙骨吊顶纸面石膏板罩面进行复合，此法可使矿棉板的应用多样化，并增强轻质板材吊顶的吸声降噪和装饰功能。

7. 贴塑装饰吸声板吊顶安装施工

贴塑装饰吸声板发球轻质顶棚材料，作为支撑与固定的龙骨及悬挂件，一般多考虑承受饰面板的重量及一些简单的附加荷载。所以，龙骨的断面比较小，板壁比板薄，重量比较轻，常用铝合金及轻钢龙骨（镀锌铁皮）。

贴塑装饰吸声板吊顶，目前比较流行的是明龙骨安装法和半暗龙骨安装法。

(1) 明龙骨安装法 一般国内常采用铝合金龙骨。用 T 形铝合金龙骨组成骨架，然后将饰面板平放在 T 形龙骨的水平肢上。

(2) 半暗龙骨安装法 镀锌铁皮 T 形龙骨在国外用得比较普遍。这种龙骨用 0.3～0.5mm 厚镀锌铁皮冲压成型，外露部分喷漆或粘贴塑料膜带，以保证良好的装饰效果。

8. 其他种类罩面板施工

(1) 聚氯乙烯塑料装饰板安装 聚氯乙烯塑料装饰板的安装方法有钉固法或粘贴法两种。

① 钉固法。用 20～25mm 宽的木条，制成 500mm 的正方形木格，用小圆钉将聚氯乙烯塑料天花板钉上，然后再用 20mm 宽的塑料压条（或铝压条）钉上，以固定板面，或钉上特制的塑料小花来固定板面。

② 粘贴法。可用建筑胶黏剂直接将罩面板粘贴在吊顶的湿抹灰面层上或固定在吊顶的龙骨上。常用胶黏剂有脲醛树脂、环氧树脂及聚醋酸乙酯等，用以保证黏结强度。

(2) 不锈钢装饰板吊顶安装 通常不锈钢装饰板吊顶的安装施工方式有平面式安装和曲面式安装两种。

① 平面式安装。由于不锈钢板往往很薄，因此，在吊顶平面上安装不锈钢罩面板，通常做成复合型板，即需用木夹板做基层，在大平面上用专用胶黏剂把不锈钢板面粘贴在基层木夹板上，然后，在吊顶面与墙面、柱面、窗帘盒及其他结合处，用不锈钢型钢压边，用不锈钢线条收口。再在压边或收口处，可用少量玻璃胶封口。

② 曲面式安装。吊顶面如果为折线、波浪形或格子板等曲面状，通常是在工厂专门加工所需的曲面板。一个曲面有时由两片或三片不锈钢曲面板组装而成，其安装的关键在于片与片间的对口处。

第二节 天棚工程工程量计算

一、定额项目内容

天棚工程项目内容如图 9-3 所示。

天棚抹灰 ┤ 石灰砂浆　水泥砂浆　混合砂浆　拉毛、甩毛 ├（根据基层的不同可分为混凝土面天棚、板条或其他木质面天棚、钢丝网天棚等）

悬吊式天棚 ┤ 龙骨（主要包括木龙骨、U形轻钢、T形或H形烤漆、铝合金方板、条板天棚、型钢、铝格栅假天棚、上人马道等）
基层板（主要包括胶合板、纸面石膏板、埃特板等）
面层（主要包括3厘胶合板、铝塑板、防火板　不锈钢板、玻璃、矿棉板、纸面石膏板、铝合金饰面板、石材饰面板、PVC复合板、清水板条等）
采光天棚（主要包括木结构采光玻璃、夹胶玻璃简支式采光顶、中空玻璃、耐力板拱廊式等）
送风口、回风口

图 9-3　天棚工程项目内容

二、说明

① 天棚抹灰砂浆种类、配合比与设计规定不同时，可调整；抹灰砂浆厚度与设计规定不同时，可按墙柱面工程一章中抹灰砂浆厚度调整子目进行调整。

② 天棚抹石灰砂浆、水泥砂浆、混合砂浆的小圆角工料已经考虑在定额内，不得另计。

③ 楼梯板底抹灰套相应天棚抹灰定额，板式楼梯人工乘以系数 1.13，锯齿形楼梯人工乘以系数 1.56。

④ 嵌入式灯具安装时，其灯槽周边如为木龙骨可套用相应灯槽口线条子目，如为金属龙骨可套用相应直型线条子目乘以系数 0.3，如图 9-4 所示。

⑤ 天棚龙骨、基层板子目中未包括

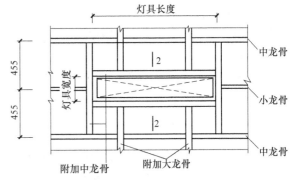

图 9-4　嵌入式灯具灯槽口构造示意图

防火和防潮处理，若进行防火和防潮处理，可套用相应定额子目计算。

⑥ 木龙骨、轻钢龙骨、型钢龙骨、铝合金龙骨的材料规格（断面）、间距，与设计要求不同时，可以调整龙骨用量。

由于定额中各种木龙骨是按整体量列入的，故龙骨用量的调整可采用整体对比的方法换算，步骤如下。

第一步，根据工程计算规则，按设计尺寸计算出工程量（计量单位：m²）。

第二步，按设计要求的龙骨、吊杆等断面、间距计算出各种龙骨及吊杆木材的净用量。

第三步，计算每 100m² 木龙骨木材的设计净用量（含平面刨光损耗）（m³），其计算公式为：

$$100\text{m}^2\text{木材净用量}=[\text{木龙骨木材设计净用量（含平面刨光损耗）}(\text{m}^3)\div \\ \text{按设计计算的工程量}]\times100$$

第四步，增加木材消耗量（损耗率 8%），其计算公式为：

$$100\text{m}^2\text{木材消耗量}=100\text{m}^2\text{净用量}\times(1+\text{损耗率}\%)$$

第五步，与相应定额对比木龙骨消耗量并进行调整，调整公式为：

$$换算后的100m^2定额基价＝原定额基价＋（设计木龙骨消耗量－$$

$$定额木龙骨消耗量）×木龙骨单价$$

【例 9-1】 设混凝土天棚下吊单层方木楞龙骨，面积 $44m^2$，龙骨净用量 $1.065m^3$，损耗率 8%，试求换算后的直接费。

解 按设计要求每 $100m^2$ 天棚木龙骨消耗量＝$1.065÷44×100×（1+8\%）＝2.614（m^3）$

查装饰定额 B3-36 子目，知木龙骨定额用量为 $1.761m^3/100m^2$，则

量差：$2.614-1.761＝0.853（m^3）$

本例可套价目汇总表 B3-36 子目，并查得木龙骨预算价格为 1170 元/m^3，见表 9.3 所示。

表 9.3 B3-36 子目预算价格

定额编号	单位	预算价格	其　中		
			人工费	材料费	机械费
B3-36	$100m^2$	3082.77 元	390.00 元	2687.29 元	5.48 元

换算后的定额基价 $（390.00+2687.29×1.002+5.48）+0.853×1170.00×1.002＝$
$3088.14+1000＝4088.14（元/100\ m^2）$

直接费为 $40.88×44＝1798.72（元）$

⑦ 定额中装饰面层系按工艺标准编制，当工艺标准相同、面层板不同时，可换算主材，其他用量不变。

⑧ 定额中各种木料板材按厚度不同列入，实际不同时，可按相应子目套用，只换算主材，其他用量不变。

三、计算规则

（一）天棚抹灰

① 天棚抹灰面积，按主墙间的净面积计算，不扣除间壁墙、垛、柱、附墙烟囱、检查口和管道所占的面积。带梁天棚梁侧面抹灰面积，并入天棚抹灰工程量内计算。

② 密肋梁和井字梁天棚抹灰面积，按展开面积计算。

③ 天棚抹灰如带有装饰线时，区别三道线以内或五道线以内按"延长米"计算，线角的道数以一个突出的棱角为一道线。如图 9-5 所示。

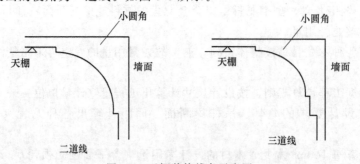

图 9-5 天棚装饰线条示意图

④ 檐口天棚的抹灰面积，并入相同的天棚抹灰工程量内计算。

⑤ 板式楼梯底面抹灰按斜面积计算，锯齿形楼梯底面抹灰按展开面积计算，两者均扣除楼梯井所占的面积。

（二）吊顶

① 平面天棚吊顶龙骨按主墙间净空面积以"m^2"计算，不扣除间壁墙、检查口、附墙

烟囱、附墙垛和管道所占面积。

② 迭级造型天棚吊顶龙骨分别按平面天棚吊顶龙骨和造型线条计算。造型线条以 1 个阳角为一条造型线条按"延长米"计算。

③ 拱廊型、穹隆型天棚龙骨按展开面积以"m²"计算。

④ 平面天棚装饰基层、面层，按主墙间净面积以"m²"计算，不扣除间壁墙、检查口、附墙烟囱、附墙垛和管道所占面积，但应扣除独立柱及单个面积 0.3m² 以上的孔槽以及与天棚相连的窗帘盒面积（灯槽、灯孔在基层、面层安装后开孔的不扣除）。

⑤ 折线、迭线造型、圆弧形、拱形、高低灯槽及其他艺术形式等的天棚基层、面层，均按展开面积以"m²"计算，不扣除间壁墙、检查口、附墙烟囱、附墙垛和管道所占面积，但应扣除独立柱及单个面积 0.3m² 以上的孔槽以及与天棚相连的窗帘盒面积（灯槽、灯孔在基层、面层安装后开孔的不扣除）。

⑥ 采光天棚按图示尺寸展开面积以"m²"计算。

⑦ 网架按水平投影面积以"m²"计算。

⑧ 天棚上人马道（如图 9-6）以"延长米"计算。

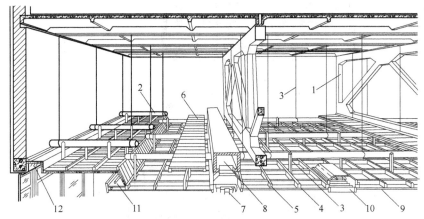

1—屋架；2—主龙骨；3—吊筋；4—次龙骨；5—间距龙骨；6—检修走道；
7—出风口；8—风道；9—吊顶面层；10—灯具；11—灯槽；12—窗帘盒

图 9-6 吊顶上人马道构造示意图

⑨ 天棚检查口（如图 9-7）的工料已包括在定额内，不另计算。

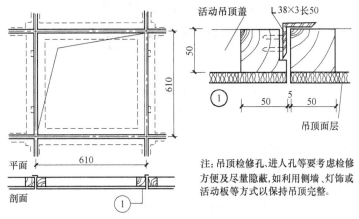

注：吊顶检修孔，进人孔等要考虑检修
方便及尽量隐蔽，如利用侧墙、灯饰或
活动板等方式以保持吊顶完整。

图 9-7 天棚检查口构造示意图

第三节 工程实训

一、工程做法

卧室天棚设计如图 9-8、图 9-9 所示。

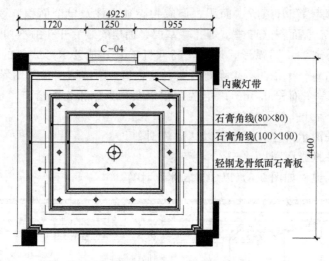

二号卧室顶棚布置图 1:120

图 9-8 二号卧室顶棚布置图

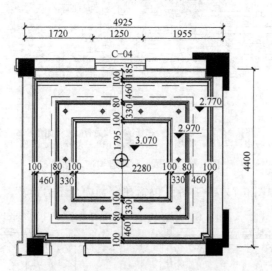

二号卧室吊顶尺寸图 1:120

图 9-9 二号卧室吊顶尺寸图

轻钢龙骨纸面石膏板吊顶做法如下。

① 刮腻子两遍，刷乳胶漆两遍。

② 纸面石膏板。

③ U 形轻钢龙骨（不上人型），间距 300mm×300mm。

④ Φ8 钢筋吊杆。

⑤ 钢筋混凝土楼板。

二、编制方法

(一) 分析

根据天棚做法，查装饰定额 B3-47 子目内容包括吊杆和 U 形轻钢龙骨，间距 300mm×300mm，因此可列为一个项目，即"U 形轻钢天棚龙骨，间距 300mm×300mm，不上人型"，如表 9.4 所示。

表 9.4　B3-47U 形轻钢龙骨子目

工作内容：定位、弹线、打眼、安膨胀螺栓，选料、下料，定位杆安装，龙骨安装并预留孔洞，临时加固，校正；封边龙骨设置、整体调整、校正。

单位：100m²

定额编号		单位	B3-47	B3-48	B3-49	B3-50
项　目			装配式 U 形轻钢龙骨天棚			
			不上人型			
			300mm×300mm	450mm×450mm	600mm×600mm	600mm×600mm 以上
名　　称		单位	数　　量			
人工	综合工日	工日	20.03	18.38	16.85	15.87
材料	轻钢吊顶大龙骨 U50mm×15mm×1.5mm	m	112.27	112.27	112.27	112.27
	轻钢吊顶中龙骨 U50mm×20mm×0.6mm	m	662.17	477.84	369.50	285.83
	轻钢吊顶大龙骨平面连接件	个	33.00	33.00	33.00	33.00
	轻钢吊顶中龙骨平面连接件	个	87.00	62.00	47.00	50.00
	轻钢吊顶大龙骨垂直吊挂件	个	131.00	131.00	131.00	131.00
	轻钢吊顶中龙骨垂直吊挂件	个	385.00	271.00	205.00	221.00
	轻钢吊顶龙骨　挂插件	个	1976.00	1090.00	643.00	334.00
	膨胀螺栓(胀锚螺栓、锚固螺栓)8mm×80mm	套	129.00	129.00	129.00	129.00
	圆钢拉杆(吊筋)8mm	kg	51.16	51.16	51.16	51.16
	软件	kg	7.02	7.02	7.02	7.02
	六角机螺栓(带一个螺帽两个垫圈)M5×45	套	129.00	129.00	129.00	129.00
	六角机螺帽 M8mm	个	259.00	259.00	259.00	259.00
	镀锌平垫圈 M8mm	个	259.00	259.00	259.00	259.00

注：若采用 U38×12×1.2 龙骨代换 U50×15×1.5，主龙骨平面连接件按 U38，其余不变。

在龙骨下面固定纸面石膏板，查装饰定额 B3-96 子目可知，列"纸面石膏板"项目，如表 9.5 所示。

另外，根据图纸构造，天棚属迭级造型天棚，查装饰定额 B3-55 子目可知，列"轻钢龙骨造型线条（直线型）"项目，如表 9.6 所示。

因此，可列项目 3 个。

(二) 工程量计算

1. U 形轻钢龙骨天棚，300mm×300mm

根据天棚吊顶工程量的计算规则：按主墙间净空面积以平方米计算，不扣除间壁墙、检查口、附墙烟囱、附墙垛和管道所占面积。

$$S = 4.46 × (4.16 - 0.185 【见吊顶尺寸图 9-12】) = 17.73 （m^2）$$

2. 计算纸面石膏板

$$S = 4.46 × (4.16 - 0.185) = 17.73 （m^2）$$

3. 轻钢龙骨造型线条（直线型）

表 9.5　B3-96U 形轻钢龙骨上安装基层板子目

工作内容：下料裁板，安装基层板。　　　　　　　　　　　　　　　　　单位：100m²

定　额　编　号		B3-93	B3-94	B3-95	B3-96	B3-97	B3-98	B3-99	B3-100
项　目		在轻钢龙骨上安装基层板							
		平面型					造型		
		3厘板	9厘板	18厘板	纸面石膏板	埃特板	直型	单曲面	双曲面
名　称	单位	数　量							
人工 综合工日	工日	7.38	7.60	7.74	8.96	8.81	9.41	17.75	49.24
材料 胶合板 3mm	m²	105.00							260.00
胶合板 5mm	m²							115.00	
胶合板 9mm	m²		105.00						
胶合板 18mm	m²			105.00					
纸面石膏板 9.5mm	m²				105.00		110.00		
埃特板 10mm	m²					105.00			
螺钉 15mm 6000个/盒	盒								2.46
镀锌自攻螺钉 4mm×16mm	个	4481.50	4481.50		4481.50	4481.50	9472.00	6111.60	6111.60
镀锌自攻螺钉 5mm×30mm	个			4481.50					
白乳胶(聚醋酸乙烯乳液)	kg								3.09
机械 电动空气压缩机 0.3m³/min	台班								0.89

表 9.6　B3-55 轻钢龙骨造型线条子目

工作内容：定位、弹线、固定吊挂件、安装龙骨等。　　　　　　　　　　单位：100m

定　额　编　号		B3-55	B3-56	B3-57
项　目		轻钢龙骨造型线条		
		直线型	折线型	弧型
名　称	单位	数　量		
人工 综合工日	工日	5.4	5.95	7.03
材料 轻钢吊顶大龙骨 U50mm×15mm×1.5mm	m	106.00	106.00	109.00
轻钢吊顶中龙骨 U50mm×20mm×0.6mm	m	225.80	225.80	232.20
轻钢吊顶大龙骨平面连接件	个	40.00	40.00	40.00
轻钢吊顶中龙骨平面连接件	个	22.00	22.00	22.00
轻钢吊顶大龙骨垂直吊挂件	个	110.00	110.00	110.00
膨胀螺栓 8mm×80mm	套	110.00	110.00	110.00
圆钢拉杆(吊筋)8mm	kg	63.10	63.10	63.10
六角机螺栓 M5×45	套	110.00	110.00	110.00
六角机螺帽 M8mm	个	210.00	210.00	210.00
镀锌平垫圈 M8mm	个	210.00	210.00	210.00
铝抽心铆钉(拉铆钉)	个	860.00	860.00	860.00

根据造型线条计算规则：以 1 个阳角为一条造型线条按延长米计算。则该项共有 2 个阳角两条造型线条。

$$L = [(2.28+0.1\times2+0.33\times2+0.08\times2)【大矩形长边】+(1.795+0.1\times2+0.33\times2+$$
$$0.08\times2)【大矩形短边】]\times2+[(2.28+0.2)【小矩形长边】+$$
$$(1.795+0.2)【小矩形短边】]\times2$$
$$=21.18（m）$$

【本章小结】

1. 天棚抹灰是指在楼板结构层下，直接喷刷饰面材料的一种构造方式。

2. 天棚吊顶是指天棚装饰表面与楼板结构层之间留有一定的距离，中间可布置各种管线设备，如灯具、空调管道等。装修标准较高的房间，因使用、美观或其他特殊要求通常作吊顶处理。

3. 吊顶的构造一般由三部分组成：龙骨、基层板、饰面板。

4. 抹灰施工工艺为：基层处理（凸出的混凝土表面、舌头灰等剔平；光滑的混凝土表面凿毛）→弹线→抹底灰→抹中层灰→抹罩面灰。

5. 木龙骨吊顶施工工艺为：施工放线→木龙骨的拼接→安装吊点紧固件→固定沿墙木龙骨→龙骨吊装。

6. 天棚抹灰面积，按主墙间的净面积计算，不扣除间壁墙、垛、柱、附墙烟囱、检查口和管道所占的面积。带梁天棚梁侧面抹灰面积，并入天棚抹灰工程量内计算。

7. 平面天棚吊顶龙骨按主墙间净空面积以"m²"计算，不扣除间壁墙、检查口、附墙烟囱、附墙垛和管道所占面积。

8. 迭级造型天棚吊顶龙骨分别按平面天棚吊顶龙骨和造型线条计算。造型线条以1个阳角为一条造型线条按"延长米"计算。

9. 拱廊型、穹隆型天棚龙骨按展开面积以"m²"计算。

10. 平面天棚装饰基层、面层，按主墙间净面积以"m²"计算，不扣除间壁墙、检查口、附墙烟囱、附墙垛和管道所占面积，但应扣除独立柱及单个面积0.3m²以上的孔槽以及与天棚相连的窗帘盒面积（灯槽、灯孔在基层、面层安装后开孔的不扣除）。

11. 折线、迭线造型、圆弧形、拱形、高低灯槽及其他艺术形式等的天棚基层、面层，均按展开面积以"m²"计算，不扣除间壁墙、检查口、附墙烟囱、附墙垛和管道所占面积，但应扣除独立柱及单个面积0.3m²以上的孔槽以及与天棚相连的窗帘盒面积（灯槽、灯孔在基层、面层安装后开孔的不扣除）。

【复习思考题】

1. 简述天棚的构造、作用及常见形式。

2. 抹灰等级和抹灰遍数、工序、外观质量的对应关系如何？

3. 简述天棚抹灰施工工艺。

4. 简述天棚吊顶龙骨类型及施工工艺。

5. 简述纸面石膏板施工工艺。

6. 简述人造胶合板施工工艺。

7. 简述矿棉板施工工艺。

8. 简述天棚抹灰工程量计算规则。

9. 简述天棚吊顶龙骨工程量计算规则、基层板工程量计算规则、饰面板计算规则。

10. 天棚抹灰如带有装饰线时，应如何计算？

11. 天棚检查口如何计算？

第十章 门窗装饰工程

【学习内容】 本章内容主要包括门窗的基本知识；装饰木门窗的构造、制作与安装；铝合金门窗的构造与安装做法；塑料门窗的构造与安装做法；全玻璃门的施工工艺；特种门窗的种类和施工做法；门窗装饰工程主要定额项目内容及工程量计算规则等。

【学习目的】 了解门窗的分类与组成，掌握装饰木门窗的构造与制作工艺，掌握铝合金门窗构造与安装要点，掌握塑料门窗的构造与安装要点，掌握全玻璃门的施工工艺，掌握特种门窗的种类和施工做法，掌握门窗装饰工程的主要定额项目内容和工程量计算方法。

门、窗是建筑物的重要组成部分。门是人们进出建筑物的通道口，窗是室内采光通风的主要洞口。对门窗的具体要求应根据不同的地区、不同的建筑特点、不同的建筑等级等有详细和具体的规定，在不同的情况下，对门窗的分隔、保温、隔声、防水、防火、防风沙等有着不同的要求。近几年来，随着科学的进步，新材料、新工艺的不断出现，门窗的生产和应用也紧紧跟随装饰行业高速发展。不仅有满足功能要求的装饰门窗，而且还有满足特殊功能要求的特种门窗。

第一节 建筑构造及施工工艺

一、门窗的基本知识

（一）门窗的分类

（1）按不同材质分类 分为木门窗、铝合金门窗、钢门窗、塑料门窗、全玻璃门窗、复合门窗、特殊门窗等。

（2）按不同功能分类 分为普通门窗、保温门窗、隔声门窗、防火门窗、防盗门窗、防爆门窗、装饰门窗、安全门窗、自动门窗等。

（3）按不同结构分类 分为推拉门窗、平开门窗、弹簧门窗、旋转门窗、折叠门窗、卷帘门窗、自动门窗等。

（4）按不同镶嵌材料分类 可分为玻璃窗、纱窗、百叶窗、保温窗、防风沙窗等。

（二）门窗的组成

1. 门的组成

门一般由门框（门樘）、门扇、五金零件及其他附件组成。门框一般是由边框和上框组成，当高度大于 2400mm 时，在上部可加设亮子，需增加中横框；当门宽度大于 2100mm 时，需增设一根中竖框。有保温、防水、防风、防沙和隔声要求的门应设下槛。

门扇一般由上冒头、中冒头、下冒头、边梃、门芯板、玻璃、百叶等组成。

2. 窗的组成

窗是由窗框（窗樘）、窗扇、五金零件等组成。窗框是由边框、上框、中横框、中竖框等组成，窗扇是由上冒头、下冒头、边梃、窗芯子、玻璃等组成。

二、装饰木门窗制作、安装

（一）装饰木门窗的开启方式

1. 木门的开启方式

木门的开启方式主要是由使用要求决定的，通常有以下几种不同方式，如图 10-1 所示。

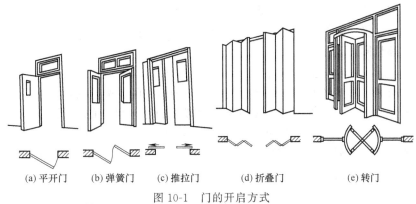

(a) 平开门　　(b) 弹簧门　　(c) 推拉门　　　(d) 折叠门　　　　(e) 转门

图 10-1　门的开启方式

其他还有上翻门、升降门、卷帘门等，一般适用于较大活动空间，如车库、车间及某些公共建筑的外门。

2. 木窗的开启方式

窗的开启方式主要决定于窗扇的转动五金的部位和转动方式，可根据使用要求选用。常见的开启方式有固定窗、平开窗、横式悬窗、立体转窗、推拉窗、百叶窗等。

（二）装饰木门窗的制作

木装饰门窗的制作工序主要包括：配料→截料→刨料→划线→凿眼→倒棱→裁口→开榫→断肩→组装→加楔→净面→油漆→安装玻璃。

（三）装饰木门窗的安装

1. 门窗框的安装

门窗框有两种安装方法，即先立口法和后塞口法。

（1）先立口法　即在砌墙前把门窗框按施工图纸立直、找正，并固定好。

（2）后塞口法　即在砌筑墙体时预先按门窗尺寸留好洞口，在洞口两边预埋木砖，然后将门窗框塞入洞口内，在木砖处垫好木片，并用钉子钉牢（预埋木砖的位置应避开门窗扇安装铰链处）。

2. 门窗扇的安装

① 将修刨好的门窗扇，用木楔临时立于门窗框中，排好缝隙后画出铰链位置。铰链位置距上、下边的距离，一般宜为门扇宽度的 1/10，这个位置对铰链受力比较有利，又可以避开榫头。然后把扇取下来，用扇铲剔出铰链页槽。页槽深度应当是把铰链合上后与框、扇平正为准。剔好铰链槽后，将铰链放入，上下铰链各拧一颗螺丝钉把扇挂上，检查缝隙是否符合要求，扇与框是否齐平，扇能否关住。检查合格后，再将剩余螺丝钉全部上齐。

② 双扇门窗扇安装方法与单扇的安装方法基本相同，只是增加一道"错口"的工序。双扇应按开启方向看，右手是门盖口，左手是门等口。

③ 门窗扇安装好后要试开，以开到哪里就能停到哪里为合格，不能存在自开或自关现

象。如果发现门窗扇在高、宽上有短缺的情况，高度上应补钉的板条钉在下冒头下面，宽度上应在安装铰链一边的梃上补钉板条。

④ 为了开关方便，平开扇的上冒头、下冒头最好刨成斜面。

三、铝合金门窗安装

铝合金门窗是最近十几年发展起来的一种新型门窗，与普通木门窗和钢门窗相比，它具有质轻高强、密封性好、变形性小、耐腐蚀、美观等特点，因此，铝合金门窗在建筑中获得了广泛的应用。尽管铝合金门窗的尺寸大小及式样有所不同，但是同类铝合金型材门窗所采用的施工方法都相同。

（一）铝合金门窗的类型

根据结构与开启形式的不同，铝合金门窗可分为推拉门、推拉窗，平开门、平开窗、固定窗、悬挂窗、回转门、回转窗等。按门窗型材截面的宽度尺寸的不同，可分为许多系列。常用的有 25 系列、40 系列、45 系列、50 系列、55 系列、60 系列、65 系列、70 系列、80 系列、90 系列、100 系列、135 系列、140 系列、155 系列、170 系列等。图 10-2 所示为 90 系列铝合金推拉窗的断面。

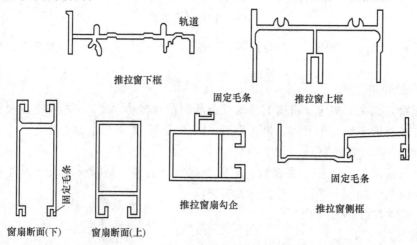

图 10-2　90 系列铝合金推拉窗断面示意图

一般建筑装饰所用的铝合金窗料板壁厚度不宜小于 1.6mm，门壁厚度不宜小于 2.0mm。否则会因板壁太薄而易使表面受损或变形，影响门窗抗风压的能力。

（二）铝合金门窗的组成与制作

1. 铝合金门窗的组成

铝合金门窗的组成比较简单，主要由型材、密封材料和五金配件组成。

（1）型材　铝合金型材是铝合金门窗的骨架，其型材表面应当清洁，无裂纹、起皮和腐蚀现象，在铝合金的装饰面上不允许有气泡。

普通精度型材装饰面上碰伤、擦伤和划伤，其深度不得超过 0.2mm；由模具造成的纵向挤压痕深度不得超过 0.1mm。对于高精度型材的表面缺陷深度，装饰面应不大于 0.1mm，非装饰面应不大于 0.25mm。

型材经过表面处理后，其表面应有一层氧化膜保护层。在一般情况下，氧化膜厚度应不小于 20μm，并应色泽均匀一致。

（2）密封材料　铝合金门窗安装密封材料品种很多，其特性及用途也各不相同。铝合金门窗安装密封材料的品种、特性和用途如表 10.1 所示。

表 10.1　铝合金门窗安装密封材料

品　　种	特性与用途
聚氯酯密封膏	高档密封膏,变形能力为 25%,适用于±25%接缝变形位移部位的密度
聚硫密封膏	高档密封膏,变形能力为 25%,适用于±25%接缝变形位移部位的密度。寿命可达 10 年以上
聚硅氧烷密封膏	高档密封膏、性能全面、变形能力达 50%,高强度、耐高温(-54～260℃)
水膨胀密封膏	遇水后膨胀将缝隙填满
密封垫	用于门窗框与外墙板接缝密封
膨胀防火密封件	主要用于防火门,遇火后可膨胀密封其缝隙
底衬泡沫条	和密封胶配套使用,在缝隙中能随密封胶变形而变形
防污纸质胶带纸	用于保护门窗料表面,防止表面污染

（3）五金配件　五金配件是组装铝合金门窗不可缺少的部件,也是实现门窗使用功能的重要组成。铝合金门窗的配件主要包括门锁、勾锁、暗掀锁、滚轮、滑撑铰链、执手和地弹簧等。

2. 铝合金门窗的构造

铝合金推拉门构造如图 10-3 所示。

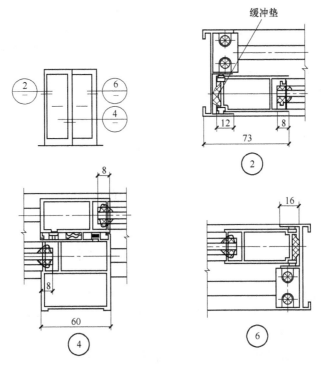

图 10-3　铝合金推拉门构造示意图

3. 制作与安装施工工艺

铝合金门窗的制作施工比较简单。其制作工艺主要包括：选料→断料→钻孔→组装→保护或包装。其安装工艺主要包括：预埋件安装→弹安装线→门窗框就位→门窗框固定。

门窗装入洞口应横平竖直,外框与洞口应弹性连接牢固,不得将外框直接埋入墙中。铝合金门、窗框上的锚固板与墙体的固定方法有射钉固定法、燕尾铁脚固定法等。图 10-4 为膨胀螺栓固定门窗安装节点示意图。

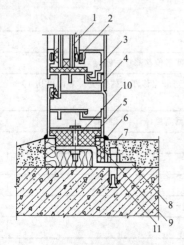

图 10-4　铝合金门窗安装节点
及缝隙处理示意图

1—玻璃；2—橡胶条；3—压条；

4—内扇；5—外框；6—密封膏；

7—砂浆；8—地脚；9—软填料；

10—塑料垫；11—膨胀螺栓

四、塑料门窗的施工

塑料门窗，又称塑钢门窗，是以聚氯乙烯或其他树脂为主要原料，以轻质碳酸钙为填料，添加适量助剂和改性剂，经挤压成型的各种截面的空腹门窗异型材，并型材空腹内嵌装型钢或铝合金型材进行加强，再根据不同的品种规格选用不同截面异型材组装而成。

塑料门窗是目前最具有气密性、水密性、耐腐蚀性、隔热保温、隔声、耐低温、阻燃、电绝缘性、造型美观等优异综合性能的门窗制品，是一种应用广泛的建筑节能产品。

（一）塑料门窗的组成

（1）塑料异型材及密封条　塑料门窗采用的塑料异型材、密封条等原材料，应符合现行的国家标准《门窗框用聚氯乙烯型材》（GB 8814）和《塑料门窗用密封条》（GB 12002）的有关规定。

（2）塑料门窗配套件　包括紧固件、五金件、增强型钢、金属衬板及固定片等，并应符合质量要求。

（3）玻璃及玻璃垫块　玻璃的安装尺寸，应比相应的框、扇（梃）内口尺寸小 4～6mm，以便于安装并确保阳光照射膨胀不开裂。玻璃垫块应选用邵氏硬度为 70～90（A）的硬橡胶或塑料，不得使用硫化再生橡胶、木片或其他吸水性材料；其长度宜为 80～150mm，厚度宜为 2～6mm。

（4）门窗洞口框墙间隙密封材料　一般常为嵌缝膏（建筑密封胶），应具有良好的弹性和黏结性。

（二）塑料门窗的安装施工

1. 安装材料

（1）塑料门窗　框、窗多为工厂制作的成品，并有齐全的五金配件。

（2）其他材料　主要有木螺丝、平头机螺丝、塑料胀管螺丝、自攻螺钉、钢钉、木楔、密封条、密封膏、抹布等。

2. 安装机具

塑料门窗在安装时所用的主要机具有：冲击钻、射钉枪、螺丝刀、锤子、吊线锤、钢尺、灰线包等。

3. 塑料门窗的安装工艺

塑料门窗安装施工工艺流程为：门窗洞口处理→找规矩→弹线→安装连接件→塑料门窗安装→门窗四周嵌缝→安装五金配件→清理。

塑料门窗框与墙体的连接固定方法，常见的有连接件法、直接固定法和假框法三种。

（1）连接件法　这是我国目前运用较多的一种方法，其优点是比较经济，且基本上可以保证门窗的稳定性。做法是先将塑料门窗放入门窗洞口内，找平对中后用木楔临时固定。然后，将固定在门窗框型材靠墙一面的锚固铁件用螺钉或膨胀螺钉固定在墙上（如图 10-5 所示）。

（2）直接固定法　在砌筑墙体时，先将木砖预埋于门窗洞口设计位置处，当塑料门窗安入洞口并定位后，用木螺钉直接穿过门窗框与预埋木砖进行连接，从而将门窗框直接固定于体上（如图 10-6 所示）。

（3）假框法　先在门窗洞口内安装一个与塑料门窗框配套的镀锌铁皮金属框，或者当木

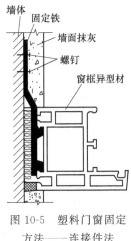 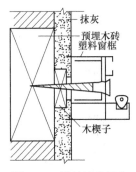

图 10-5　塑料门窗固定　　　　　图 10-6　塑料门窗固定
方法——连接件法　　　　　　　方法——直接固定法

门窗换成塑料门窗时，将原来的木门窗框保留不动，待抹灰装饰完成后，再将塑料门窗框直接固定在原来的框上，最后再用盖口条对接缝及边缘部分进行装饰。

五、全玻璃门的施工

玻璃装饰门是采用厚度在 12mm 以上的厚质平板白玻璃、雕花玻璃及彩印图案玻璃等直接做门扇的玻璃门，有的设有金属扇框，有的活动门扇除玻璃之外，只有局部的金属边条。其门框部分通常以不锈钢、黄铜或铝合金饰面，从而展示出豪华气派。

（一）构造形式

玻璃装饰门的形式如图 10-7 所示。

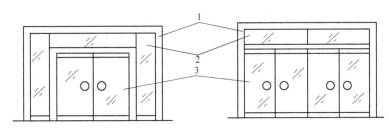

图 10-7　玻璃装饰门形式
1—金属包框；2—固定部分；3—活动开户扇

（二）安装方法

（1）定位、放线　凡由固定玻璃和活动玻璃门扇组合的装饰玻璃门，必须统一放线定位。根据设计和施工详图的要求，放出玻璃装饰门的定位线，并确定门框位置，准确地测量地面标高和门框顶部标高以及中横档标高。

（2）安装门框顶部限位槽　在正式安装玻璃之前，地面的饰面施工应已完成，门框的不锈钢或其他饰面包覆安装也应完成。

（3）安装金属饰面的木底托　先把木方固定在地面上，然后再用万能胶将金属饰面板粘在方木上，如图 10-8 所示。方木可采用直接钉在预埋木砖上，或通过膨胀螺栓连接的方法固定。若采用铝合金方管，可以用铝角固定在框柱上，或用木螺钉固定在埋入地面中的木砖上。

（4）安装固定玻璃板　用玻璃吸盘将玻璃板吸起，由 2～3 人合力将其抬至安装位置，先将上部插入门顶框限位槽内，下部落于底托之上，而后校正安装位置，使玻璃板的边部正好封住侧框柱的金属板饰面对缝口（如图 10-8 所示）。在底托上固定玻璃板时，可先在底托木方上钉木条，一般距玻璃4mm左右；然后在木条上涂刷胶黏剂，将不锈钢板或铜板粘卡在木方上。固定部分的玻璃安装构造如图10-9所示。

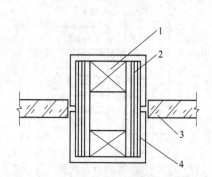

图10-8　厚玻璃板与框柱间的安装要求
1—木方；2—胶合板；3—厚玻璃；4—包框不锈钢板

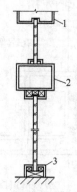

图10-9　玻璃门竖向安装示意图
1—大门框；2—横框或小门框；3—底托

（5）注玻璃胶封口　在顶部限位槽和底部底托槽口的两侧，以及厚玻璃与框柱的对缝处等各缝隙处，注入玻璃胶封口。

（6）玻璃之间的对接　玻璃之间对接玻璃门固定部分因尺寸过大而需要拼接玻璃时，其对接缝要有1～3mm的宽度，玻璃板边要进行倒角处理。玻璃固定后，将玻璃胶注入对接的缝隙中，注满后，用塑料片在玻璃板对缝的两面将胶刮平，使缝隙形成一条洁净的均匀直线，玻璃面上用干净布擦净胶迹。

六、特种门窗的施工

特种门窗的种类很多，除去以上几种门窗外，其他基本上都属于特种门窗的范畴。在建筑装饰工程中常用的有：自动门，卷帘防火、防盗窗，防火门，隔声门，金属转门，金属铰链门和弹簧门等。

（一）自动门的安装施工

自动门是一种新型金属门，主要适用于高级宾馆、饭店、医院、候机楼、车站、贸易楼、办公大楼等建筑物。

1. 自动门的分类

（1）按门体材料分　可以分为铝合金自动门、无框全玻璃自动门及异型薄壁钢管自动门等。

（2）按门的扇型分　可以分为两扇型、四扇型和六扇型等。

（3）按自动门所使用的探测传感器分　可以分为超声波传感器、红外线探头、微波探头、遥控探测器、毯式传感器、开关式传感器、拉线开关式传感器和手动按钮式传感器等。

目前，我国比较有代表性的自动门是微波自动门。微波自动门具有外观新颖、结构精巧、启动灵活、运行可靠、功耗较低、噪声较小等特点，下面重点介绍微波自动门的结构与安装施工。

2. 微波自动门的结构

微波自动门的传感系统采用微波感应方式，当人或其他活动目标进入微波传感器的感应范围时，门扇便自动开启，当活动目标离开感应范围时，门扇又会自动关闭。门扇的自动运行，有快、慢两种速度自动变换，使启动、运行、停止等动作达到良好的协调状态，同时可确保门扇之间的柔性合缝。当自动门意外地夹住行人或门体被异物卡阻时，自控电路具有自动停机的功能，所以安全可靠。

（1）微波自动门的门体结构　微波自动门一般多为中分式，标准立面主要分为两扇型、四扇型、六扇型等。

（2）控制电路结构 控制电路是自动门的指挥系统，由两部分组成。其一是用来感应开门目标讯号的微波传感；其二是进行讯号处理的二次电路控制。

3. 微波自动门的安装施工

（1）地面导向轨道安装 铝合金自动门和玻璃自动门地面上装有导向性下轨道。异型钢管自动门无下轨道。有下轨道的自动门，在土建做地坪时，必须在地面上预埋 50mm×75mm 方木条 1 根。微波自动门在安装时，撬出方木条便可埋设下轨道，下轨道长度为开门宽的 2 倍。图 10-10 为自动门下轨道埋设示意。

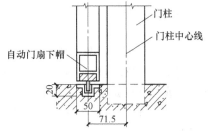

图 10-10 自动门下轨道埋设示意图

（2）微波自动门横梁安装 自动门上部机箱层主梁是安装中的重要环节。由于机箱内装有机械及电控装置，因此，对支承横梁的土建支承结构有一定的强度及稳定性要求。常用的两种支承节点如图 10-11 所示，一般砖结构宜采用图 10-11（a）的形式，混凝土结构宜采用图 10-11（b）的形式。

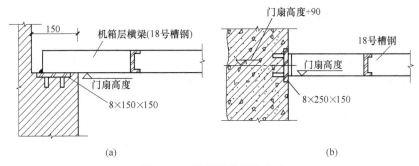

图 10-11 机箱横梁支承节点

（二）防火门的安装施工

防火门是为了解决高层建筑的消防问题而发展起来的具有特殊功能的一种新型门，目前在现代高层建筑中应用比较广泛。

防火门的种类很多，按耐火极限不同分，防火门可分为甲、乙、丙三个等级；按门的材质不同分类，可以分为木质防火门和钢质防火门两种。防火门具有表面平整光滑，美观大方，开启灵活，坚固耐用，使用方便，安全可靠等优点。防火门的规格有多种，除按国家建筑门窗洞统一模数制规定的门洞尺寸外，还可具体使用的要求而订制。

防火门的施工工艺为：划线→立门框→安装门扇及附件。

（三）隔声门的安装施工

1. 隔声门的类型

常见的隔声门主要有下列三种。

（1）填芯隔声门 用玻璃棉丝或岩棉填充在门扇芯内，门扇缝口处用海绵橡胶条封严。

（2）外包隔声门 在普通木门扇外面包裹一层人造革或其他软质吸声材料，内填充岩棉，并将通长压条用泡钉钉牢，四周缝隙用海绵橡胶条粘牢封严。

（3）隔声防火门 在门扇木框架中嵌填岩棉等吸声材料，外部用石棉板、镀锌铁皮及耐火纤维板镶包，四周缝隙用海绵橡胶条粘牢封严。

2. 隔声门的施工要点

① 门扇与门框之间的缝隙，用海绵橡皮条等弹性材料嵌入门框上的凹槽里，粘牢卡紧。

② 双扇隔声门的门扇搭接缝应做成双 L 形缝门。

③ 在隔声门扇底部与地面间应留 5mm 宽的缝隙，然后将 3mm 厚的橡皮条用通长扁铁压钉在门扇下部，与地面接触处橡皮条应伸长 5mm，封闭门扇与地面间的缝隙。

（四）金属转门的安装施工

金属转门有铝质、钢质两种金属型材结构。主要适用于宾馆、机场、商店等高级民用及公共建筑。

金属转门的施工要点如下。

① 木桁架按洞口左右、前后位置尺寸与预埋件固定，并保持水平，一般转门与弹簧门、铰链门或其他固定扇组合，就可先安装其他组合部分。

② 装转轴，固定底座，底座下要垫实，不允许出现下沉，临时点焊上轴承座，使转轴垂直于地平面。

③ 装圆转门顶与转门壁，转门壁不允许预先固定，便于调整与活扇的间隙，装门扇保持 90°夹角，旋转转门，保证上下间隙。

④ 调整转门壁的位置，以保证门扇与转门壁的间隙。门扇高度与旋转松紧调节所示。

⑤ 先焊上轴承座，用混凝土固定底座，埋插销下壳，固定门壁。

（五）卷帘防火、防盗门窗

卷帘门窗具有结构紧凑、操作简便、坚固耐用、刚性较强、密封性好、不占地面面积、启闭灵活、防风防尘、防火防盗等优良特点，主要适用于各类商店、宾馆、银行，医院、学校、机关、厂矿、车站、码头、仓库、工业厂房及变电室等。

1. 卷帘门窗的类型

（1）根据传动方式的不同　卷帘门窗可分为电动卷帘门窗、遥控电动卷帘门窗、手动卷帘门窗和电动手动卷帘门窗。

（2）根据外形的不同　卷帘门窗可分为全鳞网状卷帘门窗、真管横格卷帘门窗、帘板卷帘门窗和压花帘卷帘门窗四种。

（3）根据材质的不同　卷帘门窗可分为铝合金卷帘门窗、电化铝合金卷帘门窗、镀锌铁板卷帘门窗、不锈钢钢板卷帘门窗和钢管及钢筋卷帘门窗五种。

（4）根据门扇结构的不同　卷帘门可分为以下两种。

① 帘板结构卷帘门窗。其门扇由若干帘板组成，根据门扇帘板的形状，卷帘门的型号有所不同。其特点是：防风、防砂、防盗，并可制成防烟、防火的卷帘门窗。

② 通花结构卷帘门窗。其门扇由若干圆钢、钢管或扁钢组成。其特点是：美观大方，轻便灵活。

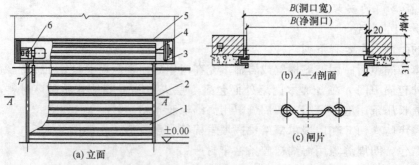

图 10-12　铝合金卷帘门简图

1—闸片；2—导轨部分；3—框架；4—卷轴部分；5—外罩部分；6—电、手动系统；7—手动拉链

（5）根据性能的不同　卷帘门窗可分为普通型、防火型卷帘门窗和抗风型卷帘门窗三种。

2. 防火卷帘门的构造

防火卷帘门由闸片、框架、卷轴、外罩、导轨、电气传动等部分组成。铝合金防火卷帘门如图 10-12 所示。

第二节　工程量计算方法

一、定额项目划分

门窗工程定额项目包括适用于一般工业与工业民用建筑工程的木门窗、钢门窗、铝合金门窗制作、安装，铝合金、不锈钢落地窗制作、安装，全玻无框门制作、安装，成品门窗安装，无框门钢架制作、安装，木装饰及其他，门窗五金等内容，如图 10-13 所示。

```
                    ┌ 普通木窗　玻璃窗框窗扇制安（包括单层、双层、一玻一纱单扇、双扇、三扇、四扇、带亮、
                    │                  不带亮等）
                    │ 木百叶窗、固定窗
                    │ 天窗、推拉窗、框上安玻璃、纱窗扇
         普通木门窗 ┤ 门窗框扇包镀锌铁皮，钉橡皮条、防寒毛毡
                    │ 普通木门门框门扇制安（包括镶板门、胶合板门、单扇、双扇、半截玻璃门、壁橱门单扇、
                    │                  自由门半玻、拼板门、半截百叶门、全百叶门、门联窗、
                    └                  木门框下坎制作安装等）

                    ┌ 木龙骨胶合板面层
                    │ 细木实板门红榉木面层 ┐
         装饰门扇   ┤ 木龙骨水曲柳面层     ├（包括小玻造型门、有框全玻门、条玻造型门、多块小玻门等）
                    └ 装饰门窗成品安装     ┘

           铝合金门窗（包括地弹门、平开门、平开窗、推拉窗、固定窗、纱窗、橱窗、阳台封闭等）
           全玻无框门制作安装（包括铝合金、不锈钢等）
           成品门窗（包括铝合金门窗、钢制防盗门窗、彩板门窗、塑钢门窗、全自动感应门传感装置、转门、不
                          锈钢电动伸缩门、卷闸门窗等）
           无框门钢架制作安装（包括门钢架、基层板、面层等）
           门窗套、窗台板、窗帘盒、窗帘帷幕板、窗帘轨、窗帘
           普通钢门窗（包括钢门、钢窗、天窗、窗框上穿铁条、铁栅门、铁栅窗等）
           门窗五金
```

图 10-13　门窗装饰工程项目内容

二、说明

（一）普通木门窗

① 本章木材种类是按一、二类木种考虑的，如采用三类木种时，门窗框、扇制作人工乘以系数 1.17；如采用四类木种时，门窗框、扇制作人工乘以系数 1.40；如框采用三、四类木种，扇采用一、二类木种时，门窗扇安装人工乘以系数 1.04；如框、扇均采用三、四类木种时，门窗扇安装人工乘以系数 1.10。

② 普通木门、窗的上料是按《98 系列建筑标准设计图集》98J4（二）通用图集综合考虑取定的，如设计采用其他标准图时，门、窗框（扇）料断面，应按比例换算，其他材料和人工、机械用量不变。框断面以边框为准（框裁口如为钉条者加贴条的断面），扇断面以立梃为准。换算公式：

$$\frac{设计断面（加刨光损耗）}{定额断面} \times 定额材积$$

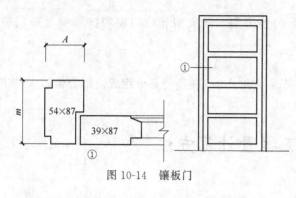

图 10-14 镶板门

③ 木材断面或厚度均以毛料为准，如设计图纸注明的断面或厚度为净料时，应增加刨光损耗。刨光损耗为在净料基础上，一面刨光增加 3mm，两面刨光增加 5mm，圆木构件按每立方米材积增加 0.05m³ 的刨光损耗。

【例 10-1】 某普通单扇无亮镶板木门，门框、门扇的断面如图 10-14 所示，问门框、扇制作应如何套定额？

查价目汇总表 B4-84 子目基价：2571.29 元/100m²。其中：人工费 186.6 元/100m²；材料费 186.6 元/100m²；机械费 71.57 元/100m²。

B4-86 子目基价：5903.01 元/100m²。其中：人工费 638.4 元/100m²；材料费 4537.32 元/100m²；机械费 727.29 元/100m²。

门窗框料锯材：1280 元/m³；门窗扇料锯材：1420 元/m³。

解 本镶板门为单扇无亮，其制作适用子目为：B4-84 和 B4-86，如图 10-14 和表 10.2 所示。

表 10.2　B4-84～B4-86 镶板门单扇无亮子目

工作内容：制作、安装门框、门扇、刷防腐油、安装玻璃及小五金。　　　　单位：100m²

定额编号		B4-84	B4-85	B4-86	B4-87
项　目		镶板门单扇无亮			
		门框制作	门框安装	门扇制作	门扇安装
		框料断面 57.00cm²		扇料断面 44.70cm²	
名　称	单位	数　量			
人工	综合工日	工日	6.22	12.15	21.28	10.11
材料	门窗框料锯材	m²	1.721			
	门窗扇料锯材	m²			3.165	
	其他锯材	m²	0.087		0.011	
	安装锯材	m²		0.251		
	平板玻璃 3mm	m²				11.06
	玻璃腻子(油灰)	kg				12.50
	圆钉 16mm(5/8″)	kg				0.04
	圆钉(综合)	kg	1.32	7.29		
	白乳胶(聚醋酸乙烯乳液)	kg	0.60		6.54	
	石灰麻刀砂浆 1∶3	m²		0.24		
	防腐油	kg			21.18	
	板条 1000mm×30mm×8mm	百根		3.37		
机械	木工圆锯机 φ500mm	台班	0.20	0.20	0.45	
	木工平刨床 500mm	台班	0.48		6.50	
	木工压刨床　三面 400mm	台班	0.41		6.50	
	木工打眼机 MK212	台班	0.41		1.03	
	木工开榫机 160mm	台班	0.19		1.03	
	木工裁口机　多面 400mm	台班	0.32		0.35	

a. 计算门框、扇的设计断面。

框料断面以边框为准，要注意图示尺寸为净料尺寸，计算断面时应增加刨光损耗，扇料断面以立梃为准，同样增加刨光损耗，其两个方向均为双面刨光，均增加 5mm。

框料断面 $(54+3)\times(87+5)=5244$ （mm²）$=52.44$ （cm²）

扇料断面 $(39+5)\times(87+5)=4048$ （mm²）$=40.48$ （cm²）

b. 与定额断面相比较，若相同，直接套用定额；若不同，需进行断面换算。

定额给定的框料断面为 57.00 cm²，扇料断面为 44.70 cm²，与设计断面不同，需进行断面换算。

框料：$52.44\div57.00\times1.721=1.583$ （m³/100m²）

扇料：$40.48\div44.70\times3.165=2.866$ （m³/100m²）

c. 换算定额基价。

B4-84 换：$(186.60+2313.12\times1.002+71.57)+(1.583-1.721)\times1280.00\times1.002$
$=2398.92$ （元/100m²）

B4-86 换：$(638.40+4537.32\times1.002+727.29)+(2.866-3.165)\times1420.00\times1.002$
$=5486.66$ （元/100m²）

④ 木门窗扇料、框料均按自然干燥考虑，如设计要求必须烘干时，按定额木材体积增加 12.5% 的木材烘干损耗，同时增加木材烘干费 56.61 元/m³。

【例 10-2】 单层无亮单扇玻璃木窗，设计规定窗扇制作时扇料要烘干，问应如何套定额？

查价目汇总表 B4-3 子目基价：2346.28 元/100m²。其中，人工费 258 元/100m²；材料费 1952 元/100m²；机械费 136.28 元/100m²。

门窗扇料锯材：1420 元/m³

解 适用定额子目 B4-3，如表 10.3 所示。定额中未考虑木材的烘干，设计要求扇料烘干，故应增加木材烘干损耗量及其材料费和木材烘干费。

木材烘干损耗：$1.348\times12.5\%=0.169$ （m³/100m²）

木材烘干损耗材料费：$0.169\times1420.00\times1.002=240.46$ （元/100m²）

木材烘干费：$(1.348+0.169)\times56.61\times1.002=86.05$ （元/100m²）

换算后的定额基价：$(258.00+1952.00\times1.002+136.28)+240.46+86.05$
$=2350.18+240.46+86.05$
$=2676.69$ （元/100m²）

⑤ 木门窗框、扇制作项目均未考虑刷底油的因素，若需刷底油一遍，可按表 10.4 增加清油、油漆溶剂油和人工用量。

⑥ 门窗中玻璃是按普通玻璃编制的，如设计要求的厚度和品种与定额规定不同时，可按设计规定换算，其他不变。

⑦ 一玻一纱窗不分纱扇所占面积多少，均按定额执行。

⑧ 普通木门中拼板门、门联窗、门框制作是按带披水编制的，如设计规定不带披水者，每 100m² 减人工 0.2 工日、锯材 0.12m³。

⑨ 木门窗不论现场或附属加工厂制作，均执行本定额。现场外制作点至安装地点的运输另行计算。

⑩ 门窗五金表中内容如与设计规定不同时，应以设计规定为准。

⑪ 单层普通窗已综合了多扇和部分在框上安玻璃的因素，固定部分不再分别计算。

（二）装饰门扇

① 木质装饰门扇根据施工工艺及材质可分为木龙骨镶贴面层板及细木实板门镶贴面层板两大类。

表 10.3　B4-3 单层玻璃窗单扇无亮窗扇制作子目

工作内容：制作、安装窗框、窗扇，刷防腐油、填塞麻刀石灰砂浆、安玻璃及小五金。

单位：100m²

定 额 编 号			B4-1	B4-2	B4-3	B4-4
项　　目			单层玻璃窗单扇无亮			
			窗框制作	窗框安装	窗扇制作	窗扇安装
			框料断面 36cm²		扇料断面 23.20cm²	
名　　称	单位		数　量			
人工	综合工日	工日	18.94	28.34	8.60	20.86
材料	门窗框料锯材	m²	2.041			
	门窗扇料锯材	m²			1.348	
	其他锯材	m²	0.189		0.018	
	安装锯材	m²		0.498		
	白乳胶（聚醋酸乙烯乳液）	kg	2.20		3.64	
	防腐油	kg		38.95		
	石灰麻刀砂浆 1∶3	m²		0.49		
	平板玻璃 3mm	m²				77.51
	玻璃腻子（油灰）	kg				87.00
	圆钉 16mm(5/8″)	kg				0.31
	圆钉（综合）	kg	2.63	38.07		
机械	木工圆锯机 φ500mm	台班	0.62	0.41	0.25	
	木工平刨床 500mm	台班	0.82		0.80	
	木工压刨床　三面 400mm	台班	0.82		0.80	
	木工打眼机 MK212	台班	2.27		0.92	
	木工开榫机 160mm	台班	1.09		0.56	
	木工裁口机　多面 400mm	台班	0.62		0.35	

表 10.4　木门窗框、扇刷底油一遍工料

项　　目		清油/(kg/100m²)	油漆溶剂油/(kg/100m²)	人工/(工日/100m²)
单层木窗	框制作	0.60	0.24	1.58
	扇制作	0.91	0.36	2.51
双层木窗	框制作	0.82	0.32	2.41
	扇制作	1.23	0.49	3.83
木门	框制作	0.46	0.27	1.04
	扇制作	1.29	0.74	2.95

②　装饰门扇制作包括各种线条制作安装。

③　装饰门扇木龙骨按自然干燥考虑，如需烘干时增加 12.5% 的烘干损耗，同时增加木材烘干费 56.61 元/m³。

（三）铝合金门窗

①　铝合金门窗制作安装项目，是按施工企业附属加工厂制作考虑的。

②　各种铝合金门窗如型材规格及厚度与定额规定不同时，可以调整铝合金型材用量。

③　推拉窗中，当部分为固定亮子，部分为活亮子时，均按有活亮子计算（含阳台封闭）。

④　固定窗按采用方管加压座、压条工艺编制。

⑤　铝合金门窗制作安装定额和各种成品门窗安装定额中，已综合考虑了五金配件安装的用工量；材料中未列入的五金配件，可按实际计算。

⑥ 门窗中玻璃除注明者外均按是白色玻璃（厚5mm）编制的，如设计（厚度、颜色）与定额不同时可以换算。

（四）普通钢门窗

依据98J4（三）编制。

（五）彩板钢门窗、塑钢门窗

按成品编制，其中彩板钢门窗安装分附框安装和直接安装两种施工方法，附框安装是先安附框，后安门扇；直接安装是附框及门窗同时安装。

（六）橱窗

① 橱窗铝型材规格为100系列，玻璃按国产白色平板玻璃编制。

② 橱窗分单面玻璃和双面玻璃两种。单面玻璃橱窗：框架为铝合金方管，前面及两侧面安装玻璃，后面为木隔断从木推拉门。双面玻璃橱窗：前、后、左、右框架均为铝合金方管，前面及两侧安装玻璃，后面为铝合金推拉门。

③ 橱窗不包括油漆及橱窗内部装饰，发生时另行计算。

④ 橱窗综合考虑了全部五金配件安装的用工量。

（七）无框门架制作安装

即指无框门架顶部及侧边的装饰，分别按无框门钢架、基层、面层编制。

（八）门窗套（筒子板）、窗帘盒、窗台板

① 门窗套（筒子板）未包括镶贴封边线，如设计要求时，另按相应线条定额计算。

② 窗帘帷幕定额是按单面粘贴面层计算的，如双面粘贴面层时，另增加面层用料，人工乘以系数1.20。

三、门窗工程量计算规则

（一）普通木门、窗

① 各类门、窗制作、安装工程量均按门、窗洞口面积计算。

② 普通窗上半部带有半圆者，工程量以半圆窗和普通窗的相应定额计算。半圆部分的工程以普通部分和半圆部分之间横框上的裁口线为分界线，如图10-15所示。

【例10-3】 计算图10-15所示木窗的工程量。

解 按计算规则：

半圆窗面积 $= \dfrac{\pi D^2}{8} = 0.393 \times D^2 = 0.393 \times 1.5^2 = 0.88$（m²）

普通矩形窗面积 $= D \times h = 1.5 \times 1.4 = 2.1$（m²）

式中　D——普通矩形窗宽度，亦即半圆窗直径，m；

h——普通窗高度，m。

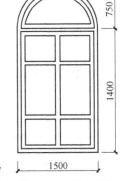

图10-15　带半圆窗示意图

③ 门、窗包镀锌铁皮，按门、窗洞口面积以平方米计算；门、窗框包镀锌铁皮、钉橡胶条、钉毛毡按图示门、窗洞口尺寸以延长米计算。

④ 进框式、靠框式组合窗按天窗全中悬定额项目计算。

⑤ 木门联窗按门和窗的洞口面积之和计算。

⑥ 定额中的门框料是按无下坎计算，如设计有下坎时，按相应"门下坎"定额执行，其工程量按门框外围宽度以延长米计算。

⑦ 镶板门、胶合板门、半截玻璃门、门联窗等，如设计有纱门（窗）时，纱门（窗）

扇按外围面积计算，执行纱门扇、纱窗扇、纱亮子定额子目。

（二）装饰门扇

木质装饰门扇制作、安装工程量按扇外围尺寸以平方米计算。

（三）金属门窗

① 铝合金门窗制作、安装及成品门窗、钢制防盗门窗、彩板钢门窗、塑钢门窗安装均按设计洞口面积以平方米计算。

② 普通钢门窗制作、安装按门窗洞口面积计算。普通钢门窗安装玻璃按门窗框外围面积计算，钢门窗只有部分安装玻璃时，按安装玻璃的框外围面积计算。

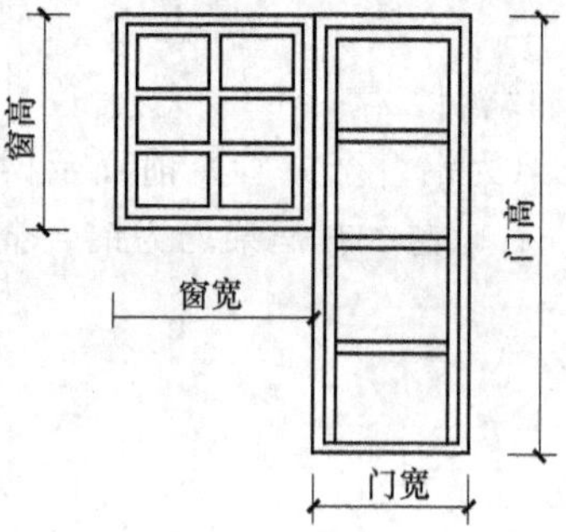

③ 普通钢门联窗，门、窗应分别套用相应定额，窗的宽度算至门框的外边框，如图 10-16 所示。

④ 彩板钢门窗附框按延长米计算。

⑤ 阳台封闭工程量按设计尺寸展开面积以平方米计算。

⑥ 纱窗工程量按纱窗外围尺寸以平方米计算。

⑦ 卷闸门窗以平方米计算，在计算工程量时，如卷闸安装在门窗洞口内侧，按洞口面积计算，高度增加 600mm；如卷闸安装在门窗洞口外侧，其宽度按设计规定计算，高度按洞口高度增加 600mm。

图 10-16　钢门联窗示意图

⑧ 橱窗按窗框正立面垂直投影面积计算。

⑨ 感应门装置按套计算，定额人工用量中已包括安装及调试用工。

⑩ 全玻落地窗工程量按封边外围尺寸以平方米计算，玻璃肋按肋的面积以平方米计算。

⑪ 全玻无框门工程量按设计洞口面积以平方米计算。

⑫ 无框门钢架以吨计算，基层及面层按展开面积以平方米计算。

（四）木装饰

① 门窗套按设计尺寸展开面积以平方米计算。

② 窗帘盒按设计尺寸以延长米计算。

③ 窗台板按长乘以宽以平方米计算，如图纸未注明长度和宽度的可按窗框的外围宽度两边共加 100mm 计算，凸出墙面的宽度按墙面外加 50mm 计算。

④ 窗帘帷幕板按图示单面面积以平方米计算，伸入天棚内的面积与露明面积合并计算。

⑤ 窗帘轨按延长米计算。

⑥ 窗帘布按垂直投影面积计算。

第三节　工 程 实 训

一、工程做法

1. 门窗表

如表 10.5 所示。

2. 门窗套做法

C-04：窗套为 18mm 胶合板基层，柚木饰面板，贴脸为 80mm 宽木装饰线条。

M-3：门套为 18mm 胶合板基层，柚木饰面板，贴脸为 80mm 宽木装饰线条。

表 10.5 二号卧室门窗表

编号	数量	规格（宽×高）	材料	备 注
M-3	1	900mm×2100mm	实木成品	贴脸装饰线条宽80mm 执手锁一把
C-04	1	1200mm×2100mm	塑钢窗	贴脸装饰线条宽80mm

3. 窗台板做法

窗台板木龙骨胶合板，面层为红榉木饰面板。

4. 油漆做法

门、窗套及窗台板均采用聚酯亚光色漆。

5. 窗帘盒

采用铝合金双轨窗帘轨、塑料成品窗帘盒。

二、编制方法

（一）分析

先以门套为例重点介绍编制方法，门套的构造一般可分为龙骨、基层板、筒子板面层和贴脸等层次，根据本工程卧室门套做法可分为基层板、筒子板面层和贴脸等项目，结合某地区定额 B4-385 内容可知，列"门套，18mm 胶合板基层（无门框带止口）（筒子板）"项目，如表 10.6 所示。

表 10.6 B4-385 门套，18mm 胶合板基层（无门框带止口）（筒子板）子目

工作内容：下料、裁板、刷胶、钉贴基层板、修边。　　　　　　　　　　　　单位：10m²

定额编号		B4-383	B4-384	B4-385	B4-386
项　目		门套（筒子板）			
		有门框胶合板5mm基层		无门框胶合板18mm基层	
		带止口	不带止口	带止口	不带止口
名　称	单位	数　量			
人工　综合工日	工日	1.25	1.20	5.20	4.90
材料　胶合板5mm	m²	11.20	11.20		
胶合板9mm	m²	9.60		5.45	
胶合板18mm	m²			17.57	17.57
安装锯材	m²			0.041	0.041
白乳胶（聚醋酸乙烯乳液）	kg	3.09	3.09	4.02	3.35
圆钉50mm（2″）	kg			0.80	0.80
气钉30mm 2000个/盒	盒	0.43	0.41	0.42	0.36
机械　电动空气压缩机0.3m²/min	台班	0.14	0.14	0.14	0.14

查定额 B4-387 门套筒子板面层，列"门套，贴柚木饰面板面层"项目，如表 10.7 所示。

门窗均为成品，在此定额列项只考虑其安装，即成品装饰门的安装项目、成品塑钢窗的安装项目及执手锁的安装项目。

门窗套分为胶合板基层项目与柚木饰面板项目，但基层板、饰面板工程量相同。

窗帘盒分为塑料成品窗帘盒安装项目（不带轨）与铝合金窗帘轨安装项目。

窗台板分为窗台基层板与窗台板面层两项。

因此，可列 8 个项目。

表 10.7　B4-387 门套，贴柚木饰面板面层子目

工作内容：下料、裁板、镶贴面层、修边。　　　　　　　　　　　　　　　　单位：10m²

定 额 编 号			B4-387
项　　目			门套（筒子板）贴面层柚木饰面板
名　　称	单位		数　　量
人工	综合工日	工日	1.20
材料	胶合饰面板　泰柚	m²	11.20
	白乳胶（聚醋酸乙烯乳液）	kg	3.09
	气钉 20mm 2000 个/盒	盒	0.43
机械	电动空气压缩机 0.3m³/min	台班	0.15

注：门套中的贴脸线条项目在后续第十二章其他装饰工程实训中反映，油漆项目在后续第十一章油漆、涂料、裱糊工程实训中反映。

（二）工程量计算

1. 塑钢窗安装

$$S=1.2\times2.1\times1=2.52（\text{m}^2）$$

2. 成品装饰门安装

$$S=1 \text{扇}$$

3. 执手锁

$$S=1 \text{个}$$

4. 窗套基层板与面板（筒子板）

门窗套按设计尺寸展开面积以平方米计算。

$$S=(1.2+2.1\times2)\times0.37\div2=1.00（\text{m}^2）$$

5. 门套基层板与面板（筒子板）

$$S=(0.9+2.1\times2)\times0.24=1.22（\text{m}^2）$$

6. 窗帘盒

窗帘盒按卧室 C-04 所在墙沿墙安装，长度按墙净宽计算。

$$L=4.46\text{m}$$

7. 窗帘轨

窗帘轨为铝合金双轨，按延长米计算。

$$L=4.46\text{m}$$

8. 窗台板工程量

窗台板工程量计算规则：按长乘以宽以延长米计算，如图纸未注明长度和宽度的可按窗框的外围宽度两边共加 100mm 计算，凸出墙面的宽度按墙面外加 50mm 计算。

$$S=1.505\times(0.37\div2+0.05)=0.35（\text{m}^2）$$

【本章小结】

1. 门一般由门框（门樘）、门扇、五金零件及其他附件组成。窗是由窗框（窗樘）、窗扇、五金零件等组成。

2. 木装饰门窗的制作工序主要包括：配料→截料→刨料→划线→凿眼→倒棱→裁口→开榫→断肩→组装→加楔→净面→油漆→安装玻璃。

3. 铝合金门窗与普通木门窗和钢门窗相比，具有质轻高强、密封性好、变形性小、耐腐蚀、美观等特点。铝合金门窗主要由型材、密封材料和五金配件组成。

4. 塑料门窗是目前最具有气密性、水密性、耐腐蚀性、隔热保温、隔声、耐低温、阻燃、电绝缘性、造型美观等优异综合性能的门窗制品，是一种应用广泛的建筑节能产品。塑料门窗由塑料异型材及密封条、塑料门窗配套件、玻璃及玻璃垫块、门窗洞口框墙间隙密封材料等组成。

5. 全玻璃门由金属包框、固定部分、活动开户扇三部分构造组成。

6. 常见特种门窗的种类有：自动门，卷帘防火、防盗窗，防火门，隔声门，金属转门，金属铰链门和弹簧门等。

7. 门窗工程定额项目包括适用于一般工业与工业民用建筑工程的木门窗、钢门窗、铝合金门窗制作、安装，铝合金、不锈钢落地窗制作、安装，全玻无框门制作、安装，成品门窗安装，无框门钢架制作、安装，木装饰及其他，门窗五金等内容。

【复习思考题】

1. 简述门窗的作用与组成。如何对门窗进行分类？

2. 木门与窗的基本组成构造，其制作工艺主要包括哪些方面？

3. 按开启方式不同木门窗有哪几种？

4. 简述装饰木门窗安装的施工要点。

5. 简述铝合金门窗的特点、类型、性能和组成。

6. 简述铝合金门窗的安装工艺。

7. 简述塑料门窗的主要优点和施工工艺。

8. 简述自动门的种类、微波自动门的结构和安装施工工艺。

9. 简述全玻璃门的安装施工工艺。

10. 简述防火门、隔声门、金属转门、装饰门、卷帘防火与防盗窗的安装施工工艺。

11. 普通木门窗工程量怎样计算？

12. 装饰门扇工程量怎样计算？

13. 阳台封闭工程量怎样计算？

14. 全玻落地窗工程量怎样计算？

15. 门窗套、窗帘盒和窗台板工程量分别怎样计算？

16. 试计算第 13 章所给案例餐厅门窗装饰工程量。

第十一章 油漆、涂料及裱糊饰面工程

【学习内容】 本章内容主要包括油漆的种类和施工工艺；建筑涂料的构造做法和施工工艺；裱糊饰面工程的构造和施工工艺；油漆、涂料及裱糊装饰工程的主要定额项目内容和工程量计算规则等。

【学习目标】 掌握油漆的施工工艺，掌握建筑涂料的建筑构造及施工做法，掌握裱糊饰面的构造做法，掌握油漆、涂料及裱糊装饰工程的主要定额项目内容和工程量计算方法。

第一节 建筑构造及施工工艺

一、油漆饰面工程

（一）材料

1. 油漆

油漆是室内装饰中常用的材料，主要用于木质材料、金属材料和抹灰、混凝土面层。由于油漆的种类较多，这里只介绍装饰装修工程中常用的几种。

（1）清油 又名熟油、鱼油、调漆油。它可作为原漆单独用于木材、金属表面，也可作为调薄厚漆或调制防锈漆涂于金属表面。其具有颜色浅、酸值低、干燥快、漆膜能长期保持柔韧性等特点。

（2）厚漆 又名铅油。它是用颜料与干性油混合研磨而成。使用时，需要加清油、溶剂等稀释。具有干燥较慢、漆膜柔软、与面漆的粘接性较好等特点，故作为一种较低级的油漆，被广泛用于各种画漆的打底。

（3）调和漆 分油性调和漆和磁性调和漆两类。油性调和漆的耐候性较好，不易粉化和龟裂，但干燥较慢，漆膜较软。磁性调和漆在硬度、光泽度方面较油性调和漆强，漆膜较硬、光亮平滑，但耐候性不如油性调和漆。

（4）清漆 它是一种不含颜料、以树脂为主要成膜物的透明涂料，分油基清漆、树脂清漆和水性清漆三类，品种较多。油基清漆俗称凡立水，系由合成树脂、干性油、溶剂、催化剂等配制而成。油基清漆的品种有酯胶清漆、酚醛清漆、醇酸清漆等。树脂清漆不含干性油，具有干燥迅速、漆膜硬度大、电绝缘性好、色泽光亮，但膜脆，耐热、耐候性较差。树脂清漆的品种有虫胶清漆、环氧清漆、硝基清漆、丙烯酸清漆等。水性清漆是水性环保涂料，品质优异的最新一代清漆，漆膜丰富、有质感、耐擦、耐脏、不粘连、耐油脂、漆色不变黄。一般刷2~3遍就可达到美丽的效果和平滑的手感，非常经济。

（5）磁漆 磁漆是以清漆为基料，加入颜料研磨制成的，涂层干燥后呈磁光色彩因而得名。其具有干燥快、漆膜光亮坚韧、附着性和耐水性较好等特点。

2. 配套材料

（1）腻子 为使基层平面平整光滑，在涂刷涂料前应用腻子基层表面上的凹坑、钉眼、缝隙等嵌实填平，待其结硬后用纸打磨光滑。腻子一般用填料和少量的胶黏剂配制而成，填料常用大白粉（碳酸钙）、石膏粉、滑石粉（硅酸镁）、重晶石粉（硫酸钡）等，胶黏剂常用动物血料、合成树脂溶液、乳液和水等。如果用于油漆，则常用清漆和熟桐油等。

（2）溶剂 有松节油、石油溶剂、煤焦溶剂、酯类和酮类溶剂等，它是涂料在制造、贮存和施工中不可缺少的材料。如稀释溶剂型涂料时，要清除木制品表面的松脂。

（二）施工工具和机具

（1）基层处理手工工具 主要包括锤子、刮刀、锉刀、铲刀和钢丝刷等。

（2）基层处理小型机具

① 圆盘打磨机，主要用于打磨细木制品表面，也可用于除锈，换上羊绒抛光布轮也可抛光等。

② 旋转钢丝刷，主要用于疏松翘起的漆膜和金属面上的铁锈和混凝土表面的松散物。

③ 皮带打磨机，利用带状砂纸在大面积的木材表面做打磨工作。

（3）常用的涂刷手工工具 常用的有各种漆刷、排笔、刮刀和棉毛球等，还有用于滚涂的长毛绒辊，橡胶辊和压花辊、硬质塑料辊等。

（4）常用的涂施机具 喷枪，主要用于喷漆，有吸入式、压入式和自流式多种品种；有喷斗，用于各种厚质、厚浆和含粗骨料的建筑涂料；高压无空气喷涂机和手提式涂料搅拌器等。

一般还应备有高凳、脚手板、半截大桶、小油桶、铜丝箩、擦布、棉丝等。

（三）施工工艺

油漆饰面按涂饰基层的不同，可分为木材面油漆、抹面油漆和金属面油漆。本节只介绍木材面油漆的施工工艺。

按油漆的饰面效果，可分为混色和清色两类，混色油漆（也称混水油漆），使用的主漆一般为调和漆、磁漆；清色油漆使用的一般为各种类型的清漆。按装饰标准，一般可分为普通、中级和高级三等。木材面油漆施工，在不同的油漆涂饰有不同的做法，现对几种常用的油漆工艺作如下阐述。

1. 混色油漆

混色油漆按质量标准分为普通、中级和高级三个等级，主要施工程序如下：

基层处理→刷底子漆→满刮腻子→砂纸打磨→嵌补腻子→砂纸磨光→刷第一遍油漆→修补腻子→细砂纸磨光→刷第二遍油漆→水砂纸磨光→刷最后一遍油漆。表 11.1 是混色油漆的主要工序和等级划分。

表 11.1 普通、中级和高级木材面混色油漆的主要工序

项次	工 序 名 称	普 通	中 级	高 级
1	清扫、起钉子、除油污等	+	+	+
2	铲去脂囊，修补平整	+	+	+
3	磨砂纸	+	+	+
4	节疤处点漆片	+	+	+
5	干性油或带色干性油打底	+	+	+
6	局部刮腻子、磨光	+	+	+
7	腻子处涂干性油	+		
8	第一遍满刮腻子		+	+
9	磨光		+	+
10	第二遍满刮腻子			+

项次	工 序 名 称	普 通	中 级	高 级
11	磨光			+
12	刷涂底涂料		+	+
13	第一遍涂料	+	+	+
14	复补腻子	+	+	+
15	磨光	+	+	+
16	湿布擦净		+	+
17	第二遍涂料	+	+	+
18	磨光(高级涂料用水砂纸)		+	+
19	湿布擦净		+	+
20	第三遍涂料		+	+

注：1. 表中"+"号表示进行的工序。

2. 高级涂料做磨退时，宜用醇酸树脂涂料刷涂，并根据膜厚度增加1~2遍涂料和磨退、打砂蜡、打油蜡、擦亮的工序。

3. 木料及胶合板内墙、顶棚面施涂溶剂型混色涂料的主要工序同上表。

（1）调和漆施工工艺　根据刷底油种类的不同，调和漆的做法主要有以下两种。

① 清理基层、磨砂纸、刮腻子、刷底油、调和漆两至三遍；

② 清理基层、磨砂纸、润油粉、刮腻子、调和漆三遍。

（2）磁漆施工工艺　磁漆罩面的做法与调和漆类似，也有主要以下两种。

① 清理基层、磨砂纸、刷底油、刮腻子、调和漆两遍，磁漆一遍；

② 清理基层、磨砂纸、润油粉、刮腻子、调和漆一至三遍，磁漆一至三遍。

2. 清漆

清漆的做法一般为：清理基层、磨砂纸、抹腻子、刷底油、色油、刷清漆两遍。或按如下做法：清理基层、磨砂纸、润油粉、刮腻子、刷底油、刷清漆两遍或三遍。木材面的清漆的主要工序如表11.2所示。

表 11.2　木材面清漆的主要工序

项次	工序名称	中级油漆	高级油漆	项次	工序名称	中级油漆	高级油漆
1	清扫、起钉、除油污等	+	+	13	磨光	+	+
2	磨砂纸	+	+	14	第二遍油漆	+	+
3	润粉	+	+	15	磨光		+
4	磨砂纸	+	+	16	第三遍油漆		+
5	第一遍满刮腻子	+	+	17	磨水砂纸		+
6	磨光	+	+	18	第四遍油漆		+
7	第二遍满刮腻子	+	+	19	磨光		+
8	磨光	+	+	20	第五遍油漆		+
9	刷色油	+	+	21	磨退		+
10	第一遍油漆	+	+	22	打砂蜡		+
11	拼色	+	+	23	打油蜡		+
12	复补腻子	+	+	24	擦亮		+

（1）木材面聚氨酯清漆　聚氨酯清漆是目前使用较为广泛的一种清漆，是优质的高级木材面用漆。木材面聚氨酯漆的一般做法是：清理基层、磨砂纸、润油粉、刮腻子、刷聚氨酯漆两遍或三遍。

（2）木材面硝基清漆磨退　硝基清漆属树脂清漆类，漆中的胶黏剂只含树脂，不含干性油。木材面硝基清漆磨退的做法为：清理基层、磨砂纸、润油粉、刮腻子、刷埋硝基清漆、磨退出亮。或按下列操作过程：清理基层、磨砂纸、润油粉两遍、刮腻子、刷理漆片、刷硝基清漆、磨退出亮等。

二、建筑涂料涂饰施工

涂敷于建筑构件的表面，并能与建筑构件材料很好地粘接，形成完整而坚韧的保护膜的材料，称为"建筑涂料"，简称"涂料"。涂料具有美观、轻质、环保、隔热、色彩丰富、生产应用能耗低等多种优越性，因而广泛应用建筑室内外墙面施工。

早期使用的涂料，是用桐油和漆树的漆质加工而成，故称为油漆。随着石油化工和有机合成工业的发展，许多涂料不再使用油脂，主要使用合成树脂及乳液、无机硅酸盐和硅溶胶，分别称为溶剂型涂料、水溶性深料和喷塑型涂料等。前两种主要用于砖结构和混凝土结构的墙面、顶棚面，而喷塑型涂料的施工范围较大，可在混凝土板面、水泥墙面、石灰膏板面、木夹板面、石棉板面、金属等表面进行饰面。目前水溶性涂料在建筑涂料中占有主要的地位，但为了解决涂料产品的运输包装问题，涂料产品的粉剂化，已成为建筑涂料的一种新品种，逐渐崭露出了头角。

（一）材料

建筑涂料具有色彩丰富、质感可变、施工简便，省工省料，工期短，自身质量轻，维修更新方便等特点，外观给人以清新、典雅、明快、富丽之感，很能获得建筑艺术的理想效果。外墙装饰工程会直接受到风、雨、日晒的侵袭，故要求建筑涂料具有耐水、保色、耐污染、耐老化及良好的附着力。如果雨期施工，还要求干燥速度快；在严寒的北方，还要求具有耐冻融性能好、成膜温度低的特点。目前工程中使用的外墙涂料要求耐久性使用寿命在 10 年以上。

涂料可以分为如下几种：高光乳胶漆、自洁乳胶漆、浮雕涂料、仿石涂料、溶剂型涂料、氟碳树脂涂料、弹性防水乳胶漆、薄抹灰涂料、橘皮花纹涂料、罩光涂料等。

（二）构造做法

一般的建筑涂料涂饰可分为三层：底层涂料、中层涂料、面层涂料（又称底涂、中涂、面涂）。

（1）底涂　底涂封闭墙面碱性，提高面涂附着力，对面涂性能及表面效果有较大影响。如不使用底涂，涂膜附着力会有所削弱，墙面碱性对面涂性能的影响更大，尤其使用白水泥腻子的底面，可能造成涂膜粉化、泛黄、渗碱等问题，破坏面涂性能，影响涂膜的使用寿命。

（2）中涂　中涂主要作用是提高附着力和遮盖力，提供立体花纹，增加丰满度，并相应减少面涂用量。

（3）面涂　面涂是体系中最后涂层，具有装饰功能，抗拒环境侵害。

（三）施工机具及使用

空压机、喷枪、各种口径喷嘴、橡胶管、毛刷、滚筒、铲刀若干等。

（四）施工工艺与方法

涂料施工工艺为：基层清理→修补腻子→第一遍满刮腻子→第二遍满刮腻子→弹分色线→刷第一道涂料→刷第二道涂料→刷第 N 道涂料。

常见的涂刷类装饰施工工艺有喷涂、滚涂、刷涂和弹涂四种方法。

（1）喷涂　喷涂是利用压力或压缩空气将涂料涂布于墙面的机械化施工方法。其特点是涂膜外观质量好、工效高、适合于大面积施工，并可通过调整涂料粘度、喷嘴口径大小及喷涂压力而获得不同的装饰质感。

（2）滚涂 涂料滚涂也称为辊涂，即将相应品种的涂料采用纤维毛辊（滚）类工具直接涂装于建筑基面上；或是先将底层和中层涂料采用喷或刷的方法进行涂饰，而后使用压花辊筒压出凹凸花纹效果，表面再罩面漆的浮雕式施工做法。采用滚涂施工的装饰涂层外观浑厚自然，或形成明晰的图案，具有良好的质感。

（3）刷涂 涂料的刷涂法施工大多用于地面涂料涂布，或者用于较小面积的墙面涂饰工程，特别是装饰造型、美术涂饰或与喷涂、辊涂做法相配合的工序涂层施工。刷涂的施工温度不宜太低，一般不得小于 10℃。

刷涂一般采用排笔刷涂，刷涂后的涂层较厚，油漆刷则反之。在施工环境气温较高及涂料黏度较小而容易进行刷涂操作时，可选择排笔刷涂操作；在环境气温较低、涂料黏度较大而不宜采用排笔时，宜选用油漆刷施涂。也可以第一遍用油漆刷施涂，第二遍再用排笔涂刷，这样涂层薄而均匀，色泽一致。

（4）弹涂 弹涂是借助专用的电动或手动的弹涂器，将各颜色的涂料弹到饰面基层上，形成直径 2～8mm，大小近似，颜色不同，互相交错的圆粒状色点或深浅色点相间的彩色涂层。需要压平或扎花的，可待色点两成干后轧压，然后罩面处理。弹涂饰面层黏结能力强，可用于各种基层，获得牢固、美观、立体感强的涂饰面层。弹涂首先要进行封底处理，可采用丙烯酸无光涂料刷涂，面干后弹涂色点浆。色点浆采用外墙厚质涂料，也可用外墙涂料和颜料现场调制。弹色点可进行 1～3 道，特别是第二、三道色点直接关系到饰面的立体质感效果，色点的重叠度以不超过 60％为宜。弹涂器内的涂料量不宜超过料斗容积的 1/3。弹涂方向为自上而下呈圆环状进行，不得出现接槎现象。弹涂器与墙面的距离一般为 250～350mm，主要视料斗内涂料的多少而定，距离随涂料的减少而渐近，使色点大小保持均匀一致。

三、裱糊饰面工程

裱糊饰面工程是指在室内平整光洁的墙面、顶棚面、柱体机和室内其他构件表面，用壁纸或墙布等材料裱糊的装饰工程。

（一）材料

1. 壁纸和墙布的种类

（1）纸面纸基壁纸 是以纸为基层，用高分子乳液涂布面层，经印花、压纹等工序制成的一种墙面装饰材料。它具有价格便宜、透气性好，但因不耐水、不耐擦水、不耐久、易破裂、不易施工，故很少采用。

（2）塑料壁纸 是以纸为底层，以聚氯乙烯薄膜为面层，经复合、印花、压花等工序而制成的一种墙面装饰材料。目前市场上常见的塑料壁纸多是无毒 PVC 壁纸，它具有图案美观、施工方便、强度好等特点。

（3）金属壁纸 在基层上涂金属膜制成的墙纸，具有金属质感不光泽，适用于大厅、大堂等气氛热烈的场所。

（4）装饰墙布 是以纯棉平纹布经过处理、印花、涂层制作而成。该墙布强度大、静电小、变形小、无光、吸音、无毒、无味，对人体无害，色泽美观大方，可用于宾馆、饭店、公共建筑和较高级民用建筑中的装饰。

（5）无纺墙布 是采用棉、麻等天然纤维或涤腈等合成纤维，经过无纺成型、上树脂、印制花纹而成的一种贴墙材料。它具有挺括、富有弹性、不易折断、纤维不老化、不散失、对皮肤无刺激作用、色彩鲜艳、粘贴方便等特点，同时还具有一定的透气性和防潮性，可擦洗而不褪色，适用于各种建筑物的室内墙装饰，特别适用于高级住宅等建筑物。

（6）波音软片　波音软片材料表面强度较好，花色品种多，背部有自粘胶，适用于中、高级住宅等建筑物。

2. 石膏粉、大白粉、滑石粉、聚醋酸乙烯乳液、羧甲基纤维素、108胶或各种型号的壁纸、胶黏剂等

胶黏剂、嵌缝腻子、玻璃网格布等，应根据设计和基层的实际需要提前备齐。胶黏剂应满足建筑物的防火要求。

（二）施工工艺

1. 常用施工工具、机具

① 裁纸工作台、钢板尺（1m长）、壁纸刀、开刀。

② 塑料水桶、塑料脸盆、油工刮板、拌腻子槽、小辊、毛刷、排笔、擦布或棉丝、粉线包、小白线、钉子、锤子、红铅笔、笤帚、工具袋、毛巾等。

③ 铁制水平尺、托线板、线坠、盒尺、钉子、锤子、红铅笔、笤帚、工具袋等。

2. 施工工艺流程及方法

施工工艺流程：基层处理→吊直、套方、找规矩、弹线→计算用料、裁纸→浸水润纸→粘贴壁纸→壁纸修整。参见表11.3。

表11.3　不同壁纸的裱糊施工工艺流程

项次	工序名称	抹灰面混凝土面				石膏板面				木料面			
		复合硅纸	PVC壁纸	墙布	有背胶壁纸	复合硅纸	PVC壁纸	墙布	有背胶壁纸	复合硅纸	PVC壁纸	墙布	有背胶壁纸
1	清扫基层、填补缝隙、砂纸磨平	+	+	+	+	+	+	+	+	+	+	+	+
2	接缝处糊条					+	+	+	+	+	+	+	+
3	找补腻子、磨平					+	+	+	+	+	+	+	+
4	满刮腻子、磨平	+	+	+	+								
5	涂刷涂料一遍									+	+	+	+
6	涂刷底胶一遍	+	+	+	+	+	+	+	+	+	+	+	+
7	墙面划准线	+	+	+	+	+	+	+	+	+	+	+	+
8	壁纸浸水润湿	+			+	+			+				+
9	壁纸涂刷胶黏剂	+				+				+			
10	基层涂刷胶黏剂	+	+	+		+	+	+	+	+	+	+	
11	纸上墙、裱糊	+	+	+	+	+	+	+	+	+	+	+	+
12	拼缝、搭接、对花	+	+	+	+	+	+	+	+	+	+	+	+
13	赶压胶黏剂、气泡	+	+	+	+	+	+	+	+	+	+	+	+
14	裁边		+				+				+		
15	擦净挤出的胶液	+	+	+	+	+	+	+	+	+	+	+	+
16	清理修整	+	+	+	+	+	+	+	+	+	+	+	+

注：1. 表中"+"号表示应进行的工序。

2. 不同材料的基层相接处应糊条。

3. 混凝土表面和抹灰表面必要时可增加满刮腻子遍数。

4. "裁边"工序，在使用宽为920mm、1000mm、1100mm等需重叠对花的PVC压延壁纸时进行。

第二节　工程量计算方法

一、定额项目划分

油漆、涂料、裱糊工程定额项目包括一般工业与民用建筑的木材面油漆、金属面油漆和抹灰面油漆，涂料，裱糊等内容，如图 11.1 所示。

油漆
- 木材面：单层木窗、单层木门、其他木材面、木扶手（主要包括调和漆、醇酸磁漆、清漆、聚酯清漆、聚酯亚光清漆、聚酯有光色漆、聚氨酯清漆、聚氨酯色漆、硝基清漆和木地板油其他木材面漆等）
- 金属面：单层钢门窗、其他金属面（主要包括防锈漆、调和漆、醇酸磁漆、沥青漆、过氯乙烯漆、银粉漆、防火漆、金属漆等）
- 抹灰面（主要包括调和漆、乳胶漆、苯丙乳胶漆等）

涂料（主要包括腻子、石灰油漆、白水泥、大白浆、106、仿瓷、外墙、浮雕、胶砂喷涂、彩砂喷涂、一塑三油、多彩涂料、画石纹、假木纹等）

壁纸（主要包括水泥、白灰麻刀、胶合板墙、柱、梁、天棚面贴普通壁纸和金属壁纸等）

其他（主要包括油漆面抛光打蜡、清漆操底油、板缝贴胶带纸、木材面刷防火涂料和地毯、软包面喷刷阻燃剂等）

图 11-1　油漆、涂料、裱糊工程项目内容

二、说明

① 本定额是按油漆、涂料手工操作，喷塑、喷涂机械操作考虑的。

② 油漆浅、中、深各种颜色已在定额中综合考虑。

③ 本定额在同一平面上的分色及门窗内外分色、先安玻璃后刷油等因素已作出综合考虑，如需作美术图案者另外计算。

④ 定额规定的喷、涂、刷遍数，如与设计要求不同时，可按增减一遍定额子目进行调整。

⑤ 喷塑（一塑三油）：底油、装饰漆、面油，其规格划分如下。

a. 大压花：喷点压平，点面积在 $1.2cm^2$ 以上；

b. 中压花：喷点压平，点面积在 $1\sim1.2cm^2$；

c. 喷中点、幼（细）点：喷点面积在 $1cm^2$ 以下。

三、油漆、涂料、裱糊工程量计算规则

（一）油漆工程

油漆工程（以下另做说明的除外）均按图示尺寸以平方米计算。

（1）木材面油漆　不同油漆种类，均按刷油部位，分别采用系数工程量以平方米或延长米计算，具体各项目按表 11.4 所示计算。

（2）金属面油漆　按平方米或吨计算，按表 11.5 系数乘工程量按油漆种类套用相应定额项目。

表 11.4 木材面油漆工程量系数计算表

项目名称		系数	计算方法	项目名称		系数	计算方法
单层木门	单层木门	1.00	门洞口面积	其他木材面	木板、胶合板天棚	1.10	长×宽
	单层半玻门	0.85			屋面板带檩条	1.10	斜长×宽
	单层全玻门	0.75			清水板条檐口天棚	1.10	长×宽
	半截百叶门	1.50			吸声板(墙面或天棚)	0.87	
	全百叶门	1.70			鱼鳞板墙	2.40	
	厂库房大门	1.10			木护墙、木墙裙、木踢脚	0.83	
	纱门扇	0.80			窗台板、窗帘帷幕、窗帘盒	0.83	
	特种门(包括冷藏门)	1.00			出入口盖板、检查口	0.87	
	间壁、隔断	1.00	长×宽		木屋架	1.77	跨度(长)长×中高×1/2
	玻璃间壁露墙筋	0.80			门窗套(筒子板)、暖气罩	0.83	展开面积
	木栅栏、木栏杆(带扶手)	0.90			家具、柜、台	0.83	
	装饰门扇	0.78	门洞口面积	木扶手	木扶手(不带托板)	1.00	延长米
单层木窗	单层木窗	1.00	窗洞口面积		木扶手(带托板)	2.50	
	双层木窗	1.60			封檐板、博风板	1.70	
	三层木窗	2.40			挂衣板、黑板框、生活园地框	0.50	
	木百叶窗	2.20			挂镜线、窗帘棍、天棚压条	0.40	
	单层组合窗	0.92		其他	木线条	1.00	延长米
	双层组合窗	1.29			木楼地板	1.00	长×宽
	单层木固定窗	0.27					

表 11.5 金属面油漆工程量系数计算表

项目名称		系数	计算方法	项目名称		系数	计算方法
单层钢门窗	单层钢门窗	1.00	门窗洞口面积	其他金属面	钢屋架、天窗架、挡风架、屋架梁、支撑、檩条	1.00	重量吨
	双层钢门窗	1.50			墙架(空腹式)	0.50	
	射线防护门	3.00			墙架(格板式)	0.80	
	半截百页钢门	2.20			钢柱、吊车梁、花式梁柱、空花构件	0.60	
	钢百叶门窗	2.70			操作台、走台、制动梁、车梁	0.70	
	钢折叠门	2.30			钢栅门、栏杆、窗栅	1.70	
	钢平开门、推拉门	1.70			钢爬梯	1.20	
	钢丝网大门	0.80			轻型屋架	1.40	
	包镀锌薄钢板门	1.63			踏步式钢扶梯	1.10	
	间壁	1.90	长×宽		零星铁件	1.30	
	平板屋面	0.74	斜长×宽	平板屋面及镀锌薄钢板面	平板屋面	1.00	斜长×宽
	瓦垄板屋面	0.88			瓦垄板屋面	1.20	
	排水、伸缩缝盖扳	0.78	展开面积		排水、伸缩缝盖板	1.05	展开面积
	吸气罩	1.63	水平投影面积		吸气罩	2.20	水平投影面积
					包镀锌薄钢板门	2.20	门洞口面积

(3)抹灰面油漆 按图示尺寸以实际油漆面积或长度计算。其中混凝土花格窗栏杆花饰油漆,按洞口面积以平方米计算。槽型底板、混凝土折瓦板等构件的油漆按表 11.6 计算工程量。

表 11.6　抹灰面油漆工程量系数计算表

项　目　名　称	系　数	计　算　方　法
槽形底板、混凝土折板	1.30	
有梁底板	1.10	长×宽
密肋、井字梁底板	1.50	

（二）喷刷涂料工程

（1）水质涂料

① 墙面按垂直投影面积计算，应扣除墙裙的抹灰面积，不扣除门窗洞口面积，但垛的侧壁、门窗洞口侧壁、顶面亦不增加。

② 天棚按水平投影面积计算，不扣除间壁墙、垛、柱、附墙烟囱、检查洞所占面积。

③ 预制构件的刷浆量可按表 11.7 提供数据计算。

表 11.7　预制构件工程量折算表

序　号	项　目　名　称	每立方米体积可折算的面积
1	Ⅱ形板 4m 以内	37
2	槽形板 4 m 以内	31
3	填充板 4 m 以内	26
4	带翼板 6 m 以内	36
5	大型屋面板 6 m 以内	23
6	薄腹梁和单双坡工字薄腹梁	15
7	三角形屋架	26
8	钢下弦组合三角形屋架	15
9	多腹杆拱形桁架	18
10	吊车梁	11

（2）腰线、檐口线、门窗套、窗台板　按图示尺寸以延长米计算。

（三）裱糊工程

按图示尺寸以平方米计算。

（四）其他工程

① 抛光打蜡按图示尺寸以平方米或延长米计算。

② 清漆操底油按图示尺寸以平方米计算。

③ 天棚、墙、柱面板缝胶带纸按相应面层的铺贴面积以平方米计算。

④ 刷防火涂料按图示尺寸以投影面积计算。

⑤ 喷刷阻火（燃）剂按实际喷刷面积以平方米计算。

【例 11-1】 图 8-29 工程，休息室墙面贴墙纸，接待室刷乳胶漆两遍，计算其工程量。

解　a. 休息室墙面贴墙纸工程量按图示尺寸以平方米计算

计算公式：墙纸工程量＝净长度×净高－门窗洞＋垛及门窗侧面

休息室墙面贴墙纸工程量＝[(3.23－0.36)×2＋(3.80－0.48)×2]×(3.5－1.2)－
　　　　　　　　　　　　[(0.9×2.1)【M2】＋(1.20×0.80)×2【C2】]＋[(0.9＋
　　　　　　　　　　　　2.1×2)【M2侧壁】＋(1.2＋0.8)×2×2【C2侧壁】]×0.12
　　　　　　　　　　＝26.236(m²)

b. 接待室乳胶漆工程量按实际油漆面积计算

计算公式：乳胶漆工程量＝净长度×净高－门窗洞＋垛及门窗侧面

接待室墙面油漆工程量＝[(3.23－0.36)×2＋(3.80-0.48)×2]×(3.5－1.2)－0.9×2.1

【M2】－1.5×1.5【C1】－1.5×2.1【M1】＋[(0.9＋2.1×2)

【M2侧壁】＋(1.5＋1.5)×2【C1侧壁】＋(1.5＋2.1×2)

【M1侧壁】]×0.12

＝23.2（m²）

【例 11-2】 图 8-29 所示工程，装饰门扇刮腻子、磨砂纸、刷底漆各一遍，刷聚酯清漆两遍，计算其工程量。

解 装饰门扇油漆工程量按门洞口面积乘以系数 0.78 计算。

装饰门扇油漆工程量＝(1.5×2.1＋0.9×2.1)×0.78＝3.93（m²）

第三节 工 程 实 训

一、工程做法

1. 墙面刷乳胶漆

① 刷乳胶漆两遍；

② 刮腻子两遍；

③ 6mm 厚 1∶1∶4 混合砂浆打底扫毛；

④ 14mm 厚 1∶1∶6 混合砂浆抹面压实抹光；

⑤ 砖墙面。

2. 墙纸裱糊

① 面层贴壁纸，四周 50mm 木线条聚酯亚光色漆；

② 刮腻子两遍；

③ 6mm 厚 1∶1∶4 混合砂浆打底扫毛；

④ 14mm 厚 1∶1∶6 混合砂浆抹面压实抹光；

⑤ 砖墙面。

3. 天棚刷乳胶漆

① 刮腻子两遍，刷乳胶漆两遍；

② 纸面石膏板；

③ U 形轻钢龙骨；

④ Φ8 钢筋吊杆；

⑤ 钢筋混凝土楼板。

4. 天棚石膏线刷乳胶漆

5. 踢脚线刷白漆

① 刷聚酯亚光色漆两遍；

② 踢脚线刷底漆一遍。

6. 80mm 腰线白漆

①刷聚酯亚光色漆两遍；

②木线条腰线刷底漆一遍。

7. 门、门窗套、窗台板刷白漆

二、编制方法

（一）分析

以墙面刷乳胶漆和贴壁纸为例介绍编制方法。

墙面抹灰（已在第八章列项）后刮腻子两遍，刷乳胶漆两遍，查装饰定额 B5-212 子目工作内容可知包括这两个工作内容，因此可列为一项，即内墙刷乳胶漆两遍，如表 11.8 所示。

表 11.8　B5-212 抹灰面刷两遍乳胶漆子目

工作内容：1. 抹灰面清扫、满刮腻子两遍、打磨、喷（刷）乳胶漆等。

　　　　　2. 拉毛面、砖墙面：清扫、喷（刷）乳胶漆等。　　　　　　　　单位：100m²

定　额　编　号		B5-212	B5-213	B5-214	B5-21
项　目		乳胶漆			
		抹灰面		拉毛面	砖墙面
		两遍		三遍	两遍
名称	单位	数　量			
人工	综合工日	工日	5.89	7.04	6.63	2.89
材料	聚醋酸乙烯乳胶漆　白	kg	21.81	43.26	55.62	36.15
	大白粉	kg	1.43	1.43		
	熟石膏粉	kg	2.05	2.05		
	滑石粉	kg	27.72	27.72		
	羧甲基纤维素	kg	0.65	0.65		
	白乳胶(聚醋酸乙烯乳液)	kg	3.24	3.24		
	其他材料费(占材料费的)	%	2.92	2.61		

再查定额 B5-275 子目，可列"墙面贴壁纸"项目，该子项包括了贴壁纸的全部工作内容，如表 11.9 所示。

表 11.9　B5-275 水泥墙面贴普通壁纸子目

工作内容：清扫、刷底油、满刮腻子、磨砂纸、配制贴面材料、刷胶、裁贴壁纸等。单位：100m²

定　额　编　号		B5-275	B5-276	B5-277
项　目		水泥墙面		
		贴普通壁纸对花	贴金属壁纸	
			不对花	对花
名称	单位	数　量		
人工	综合工日	工日	26.20	25.50	26.60
材料	普通壁纸	m²	116.60		
	金属色壁纸	m²		110.00	116.00
	107胶	kg	25.50	25.50	25.50
	白乳胶(聚醋酸乙烯乳液)	kg	4.50	4.50	4.50
	醇酸清漆	kg	7.00	7.00	7.00
	醇酸漆稀释剂	kg	3.00	3.00	3.00
	醇酸腻子　白、灰	kg	45.00	45.00	45.00
	砂布　1.5#、2#	张	10.00	10.00	10.00
	其他材料费(占材料费的)	%	2.73	3.59	2.50
机械	灰浆搅拌机 200L	台班	0.02	0.02	0.02

注：本节内容涉及工程部位有墙柱面、天棚、门窗，在工程作法中，墙面刷乳胶漆的①刷乳胶漆两遍、②刮腻子两遍可列"墙面乳胶漆"项目，在贴墙面壁纸中的①面层贴壁纸；②涂刷底漆一遍；③刮腻子两遍可列墙面贴壁纸项目。

壁纸周围装饰线条可列 50mm 以内木线条白漆项目、腰线油漆可列 80mm 以内木线条白漆项目。

踢脚线油漆可列踢脚线白漆项目。

天棚可列天棚乳胶漆项目及天棚石膏角线项目。

门窗油漆可列实木门白漆项目、门窗套白漆项目 150mm 以内木平面装饰线白漆项目（门窗贴脸）及窗台板白漆项目。

因此，可列项目 11 个。

（二）工程量计算

1. 墙柱面乳胶漆

抹灰面的油漆按图示尺寸以实际油漆面积或长度计算。

$$S = (4.46 \times 2.77 【见吊顶尺寸图 9\text{-}12】 - 3.55 【墙面壁纸面积】 - 1.2 \times 2.1)$$
$$【A 立面】 + (4.16 \times 2.77 - 5.55) 【B 立面】 + (4.46 \times 2.77 - 4.12 - 0.9 \times 2.1)$$
$$【C 立面】 + (4.16 \times 2.77 - 5.58) 【D 立面】$$
$$= 6.28 + 5.97 + 6.34 + 5.94 = 24.53 （m^2）$$

2. 水泥墙面贴普通壁纸

贴壁纸工程量按图示尺寸以平方米计算。

$$S = (0.25 + 1.545) \times (0.5 \times 2 + 0.49 \times 2)【A 立面】 + [0.25 \times (0.39 \times 2 + 0.925 \times$$
$$2 + 0.33) + 1.545 \times (0.39 \times 2 + 0.925 \times 2 + 0.15 + 0.33)]【B 立面】 + (0.25 + 1.545) \times$$
$$(0.79 \times 2 + 0.715)【C 立面】 + (0.25 + 1.545) \times (0.815 \times 2 + 0.74 \times 2)【D 立面】$$
$$= 3.55 + 5.54 + 4.12 + 5.58 = 18.8 （m^2）$$

3. 壁纸周围 50mm 木线条白漆

木线条油漆以延长米计算。

$$S = [(0.5 \times 2 + 0.49 \times 2) \times 4 + (0.25 + 1.545) \times 8]【A 立面】 + [(0.39 \times 2 + 0.925 \times$$
$$2 + 0.33) \times 2 + (0.39 \times 2 + 0.925 \times 2 + 0.15 + 0.33) \times 2 + (0.25 + 1.545) \times 8 +$$
$$0.25 \times 2]【B 立面】 + [(0.79 \times 2 + 0.715) \times 4 + (0.25 + 1.545) \times 6]$$
$$【C 立面】 + [(0.815 \times 2 + 0.74 \times 2) \times 4 + (0.25 + 1.545) \times 8]【D 立面】$$
$$= 22.28 + 27.00 + 19.95 + 26.80 = 96.03 （m）$$

4. 80mm 腰线白漆

木线条油漆以延长米计算。

$$L = (4.46 - 0.02 \times 2 - 1.2) + (4.16 - 0.02 \times 2) \times 2 + (4.46 - 0.02 \times 2 - 0.86 - 0.08 \times 2)$$
$$= 14.86 （m）$$

5. 踢脚线白漆

踢脚线油漆按长×宽×系数（0.83）计算

$$S = 1.95 \times 0.83 = 1.62 （m）$$

6. 天棚乳胶漆（同天棚吊顶）

$$S = 17.73 （m^2）$$

7. 天棚石膏角线乳胶漆（宽度 100mm 以内）

石膏线乳胶漆按延长米计算。

$$L = \{(2.28 + 0.2 + 1.795 + 0.2) \times 2 + [(2.28 + 0.2 + 0.33 \times 2 + 0.08 \times 2 + 0.46 \times$$
$$2 + 0.2) + (1.795 + 0.2 + 0.66 + 0.16 + 0.46 \times 2 + 0.2)] \times 2\}【100mm 石膏角线】 +$$
$$(2.28 + 0.2 + 0.66 + 0.16 + 1.795 + 0.2 + 0.66 + 0.16) \times 2【80mm 石膏角线】$$
$$= 25.66 + 12.23 = 37.89 （m）$$

8. 实木门白漆

木门油漆按门洞口面积乘以系数 0.78 计算。

$S=0.9\times2.1=1.89$（m²）

9. 门、窗套白漆（筒子板）

门、窗套油漆按展开面积×系数（0.83）计算。

$S=(1.00+1.22)\times0.83=1.84$（m²）

10. 宽度150mm以内木平面装饰线白漆（门窗贴脸板）

$L=(0.9+2.1\times2)\times2$【门】$+(1.2+2.1\times2)$【窗】$=10.2+5.4=15.6$(m)

11. 窗台板白漆

窗台板油漆按长×宽×系数（0.83）计算

$S=1.505\times(0.37\div2+0.05)\times0.83=0.29$（m²）

【本章小结】

1. 油漆是室内装饰中常用的材料，主要用于木质材料、金属材料和抹灰、混凝土面层。装饰装修工程中常用的油漆有清油、厚漆、调和漆、清漆、磁漆等几种。

混色油漆按质量标准分为普通、中级和高级三个等级，主要施工程序：基层处理→刷底子漆→满刮腻子→砂纸打磨→嵌补腻子→砂纸磨光→刷第一遍油漆→修补腻子→细砂纸磨光→刷第二遍油漆→水砂纸磨光→刷最后一遍油漆。

清漆的做法一般为：清理基层、磨砂纸、抹腻子、刷底油、色油、刷清漆两遍；或按如下做法：清理基层、磨砂纸、润油粉、刮腻子、刷底油、刷清漆两遍或三遍。

2. 一般的建筑涂料涂饰可分为三层：底层涂料、中层涂料、面层涂料（又称底涂、中涂、面涂）。涂料施工工序：基层清理→修补腻子→第一遍满刮腻子→第二遍满刮腻子→弹分色线→刷第一道涂料→刷第二道涂料→刷第 N 道涂料。常见的涂刷类装饰施工工艺有喷涂、滚涂、刷涂和弹涂四种方法。

3. 壁纸和墙布的种类主要包括纸面纸基壁纸、塑料壁纸、金属壁纸、装饰墙布、无纺墙布、波音软片等。壁纸施工工艺流程：基层处理→吊直、套方、找规矩、弹线→计算用料、裁纸→浸水润纸→粘贴壁纸→壁纸修整。

4. 油漆、涂料、裱糊工程定额项目包括一般工业与民用建筑的木材面油漆、金属面油漆和抹灰面油漆，涂料，裱糊等内容。

【复习思考题】

1. 涂饰工程施工对基层处理有哪些一般要求？如何对基层进行清理、修补和复查？

2. 简述混凝土及抹灰内墙、外墙、顶棚涂饰工程施工的主要工序。

3. 简述油漆涂饰的施工工艺。

4. 简述建筑涂料喷涂、滚涂、刷涂的施工工艺。

5. 壁纸装饰材料主要有什么特点？

6. 简述裱糊饰面工程施工的主要施工工艺。

7. 木材面油漆、金属面油漆和抹灰面油漆工程怎样计算？

8. 裱糊工程量怎样计算？

9. 试计算第十三章所给案例餐厅油漆涂料裱糊工程量。

第十二章　其他装饰工程

【学习内容】　本章内容主要包括店面招牌、灯箱制作与安装做法；细木构件的种类和制作方法；其他装饰工程的主要定额项目内容和工程量计算规则等。

【学习目标】　掌握店面招牌、灯箱制作与安装做法，掌握细木构件的种类和制作方法，掌握其他装饰工程的主要定额项目内容和工程量计算方法。

第一节　建筑构造及施工工艺

一、店面招牌、灯箱制作与安装

店面招牌、灯箱可分为雨篷式招牌、灯箱、单独字面和悬挑招牌。

（一）准备工作

1. 材料

店面招牌、灯箱用材料包括骨架材料、罩面材料及其他辅助材料。骨架材料一般用型钢或管材，主要包括型钢、木方、不锈钢管、铝管和普通钢管；罩面材料常用钢板、铝板、铝塑板、不锈钢板、塑料板等板材；其他辅助材料有装饰线条和固结材料（如膨胀螺栓、螺钉、胶黏剂等）。

2. 施工工具（机具）

常用的工具（机具）有型材切割机、手电钻、冲击钻、电动圆锯、电动刨、木工修边机、射钉枪、电动抛光机、线锤、方尺、角尺、钢锯、刨子、锤子、螺丝刀、砂纸等。

（二）招牌、灯箱的制作与安装

1. 雨篷式招牌

雨篷式招牌是悬挑或附贴在建筑入口处，既起招牌作用，又起雨篷作用的一种店面装饰。

（1）雨篷式招牌的制作　包括下料、边框组装和安装木方等工序。

（2）雨篷式招牌的安装

① 放线、定位。在安装前，按设计要求在墙面上放出雨篷招牌位置线，定出安装位置。

② 埋设埋件、做埋设孔。在拟安装边框的部位，墙体中要埋入木砖或铁件。对于后安装的雨篷式招牌，通常在墙体上用电钻开通孔，用螺栓穿过通孔和边框上的钻孔拧紧（见图 12-1）。

③ 安装板材面板。如果是采用金属压型板、铝镁曲板的板材做罩面，可直接将板材钉固于型钢骨架的木方上或是木骨架上，然后在板顶加型铝压条。如采用金属平板

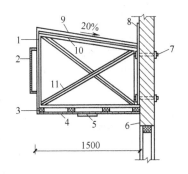

图 12-1　雨篷式招牌构造示意图

1—饰面材料；2—店面招牌字；

3—40mm×50mm 吊顶木筋；

4—天棚饰面；5—吸顶灯；

6—外墙；7—φ10～12 螺杆；

8—26 号镀锌铁皮泛水；9—

玻璃钢瓦；10—L30-3 角钢；

11—角钢剪刀撑

一般要再加钉的衬底、衬板为胶合板，将胶合板钉在边框上的方木上，钉头进入板内，然后用砂纸打磨平整，扫去浮灰，在板面刷胶黏剂（如环氧树脂、白胶等），刷胶后将金属平板贴上。有机玻璃面板在尺寸较大时也要做衬板，方法同金属平板。

④ 安装块材面板。如果采用陶瓷面砖、马赛克和石材薄板之类的板材做罩面时，首先应在边框上钉木板条，板条间距 30～50mm，接着在板条上钉钢板网，然后抹 1∶3 水泥砂浆 20mm，最后按板块材外墙面的施工方法施工。

2. 灯箱

灯箱是悬挂在墙上和其他支撑物上的装有灯具的招牌。与雨篷式招牌相比，它有更强的装饰效果，无论白天和夜间，灯箱都能起到招牌广告作用。

（1）灯箱的制作 灯箱边框的制作可采用木边框和型材框两种方法。对于尺寸较小的灯箱，一般采用 30mm×40mm、40mm×50mm 的木方制作边框；如果灯箱尺寸较大时，可采用上述雨篷等悬挑构造的框架制作材料及其制作方法。边框材料之间开榫并结合涂胶连接，如采用型钢边框时可用焊接。

（2）灯箱的安装

① 定位、放线。灯箱安装前，应根据设计确定的位置放线、定位。

② 安放灯架并敷设线路。

③ 覆盖面板。面板以有机玻璃最为合适，因其透光柔和，易加工并不怕风雨侵袭。面板与边框可用铁钉或螺钉连接，连接前应先在面板上钻小孔，以防钉拧紧时板材开裂。

④ 装金属边框。按灯箱外缘尺寸用型材切割机（或钢锯）切割铝合金或不锈钢角条，在其上每隔 500～600mm 钻 φ1.5mm 钉孔，然后将角条覆盖在灯箱边缘，用小铁钉钉入边框。

⑤ 安装。灯箱制作时就应考虑它与墙体的连接方，制作完后，按墙上定位线进行安装。灯箱构造示意图，如图 12-2 所示。

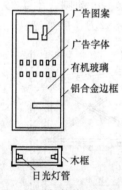

图 12-2　灯箱构造示意图

（图中标注：广告图案、广告字体、有机玻璃、铝合金边框、木框、日光灯管）

3. 有机玻璃字和图案的制作与安装

（1）有机玻璃字和图案的制作

① 书写、设计字或图案。

② 将字或图案按比例放大至所需尺寸。

③ 放大后的字或图案用复写纸复印到选用的有机玻璃上（有机玻璃板 3～4mm 厚）。

④ 用钢丝锯或线锯机按复印线切割有机玻璃，用电热丝按复印线切割泡沫塑料。

⑤ 用环氧树脂将有机玻璃与泡沫塑料粘贴在一起。

⑥ 用木锉修整边角，使有机玻璃与泡沫塑料外形重合。

（2）有机玻璃字和图案的安装固定

① 有泡沫塑料衬底的有机玻璃字的固定。有泡沫塑料衬底的有机玻璃字的固定有两种情况：一种是将字固定在雨篷式招牌的面板上；另一种则是将字直接固定在墙体上。

② 无衬底字或图案的固定。无衬底字或图案的固定同样有两种情况：一种是将字或图案固定在装饰面板上；另一种则是固定在墙面上。

二、细木构件施工

细木构件在我国有悠久的历史，具有独特的风格和技艺。它是指室内的木制窗帘盒、窗台板、筒子板、贴脸板、挂镜线、木楼梯、吊柜、壁柜、厨房台柜、室内线条和墙面木饰等一些木构件的制作与安装。

（一）挂镜线的安装

在装饰要求高的房间内，墙的上部设有挂镜线。即在墙上钉一圈带线条的木条，用以挂置镜框。

在挂镜线长度范围内，墙内应预先砌入防腐木砖，间距为50cm，在防腐木砖外面钉上防腐木块。待墙面粉刷做好后，即可钉挂镜线。挂镜线一般用明钉钉在木块上，钉帽砸扁冲入木内。挂镜线要求四面呈水平，标高一致。标高应从地面量起，不应从吊顶往下看，因为吊顶四边不一定与标高一致，从吊顶往下看就会产生挂镜线标高不一致的现象，如图12-3所示。

挂镜线在墙的阴、阳角处，应将端头锯成45°角平缝相接。挂镜线的接长处应并列钉上两块防腐木块，两端头对齐后各自钉牢在木块上，不应使其悬空。

（二）木窗帘盒的安装

木窗帘盒用于悬挂窗帘，简单的用木棍或钢筋棍，普遍采用窗帘轨道，轨道有单轨、双轨和三轨之分。窗帘盒有明盒和暗盒两种，明窗帘盒整个都暴露于外部，一般是先加工半成品，再在施工现场进行安装；暗窗帘盒的仰视

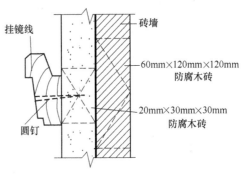

图 12-3　挂镜线装订

部分露明，适用于有吊顶装饰的房间。窗帘的启闭有手动和电动之分。

1. 窗帘盒的制作

窗帘盒可以根据设计图纸制作成各种式样。加工时一般是将木料粗略进行刨光，再用线刨子顺着木纹起线，线条光滑顺直、深浅一致，线型力求清秀。然后进行组装，组装时应当先抹胶再用钉子钉牢，并将溢出的胶及时擦拭干净，不得有明榫，不得露钉帽。

当采用木制窗帘杆时，在窗帘盒横头板上打眼，一端打成上下眼（上眼深、下眼浅）；另一端则只打一浅眼（与以上浅眼对称），这样以便于安装木杆。

窗帘盒的长度由窗洞口的宽度决定，一般窗帘盒的长度比窗洞口的宽度大300mm或360mm。

2. 窗帘盒的安装

（1）检查预埋件　窗帘盒在安装之前要认真检查窗帘盒的预埋件，以保证将窗帘盒安装牢固，位置正确。

（2）窗帘轨的安装　明窗帘盒宜先安装轨道，暗窗帘盒可后安装轨道。当窗宽度大于1.2m时，窗帘轨中间应断开，断头处煨弯错开，弯曲度应平缓，搭接长度不少于200mm。

（3）窗帘盒的安装　根据室内50线往上量，确定窗帘盒安装的标高。如果在同一墙面上有几个窗帘盒，安装时应拉一通线，使其高度一致。根据预埋铁件的位置，在盖板上钻孔，用机螺栓加垫圈拧紧。

（三）窗台板的安装

窗台板用来保护和装饰窗台，其形状和尺寸应按设计要求制作。施工时，预先在窗台墙

上砌入间距为 500mm 左右的防腐木砖，每樘窗不少于两块。在窗框的下坎裁口或打槽（深 12mm、宽 10mm）。将窗台板刨光起线后，放在窗台墙顶上居中，里边嵌入下坎槽内。窗台板的长度一般比窗樘宽度长 120mm 左右，两端伸出的长度应一致。

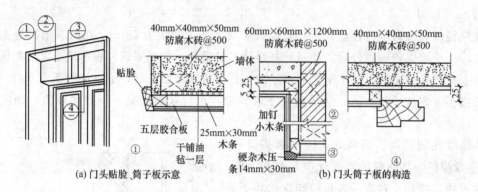

图 12-4　门头筒子板及其构造

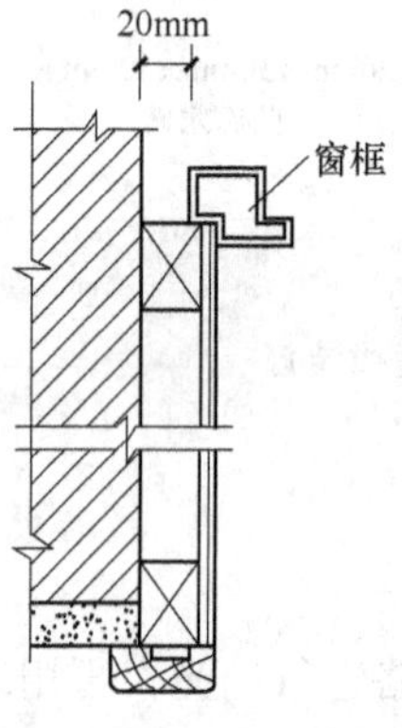

（四）筒子板的安装

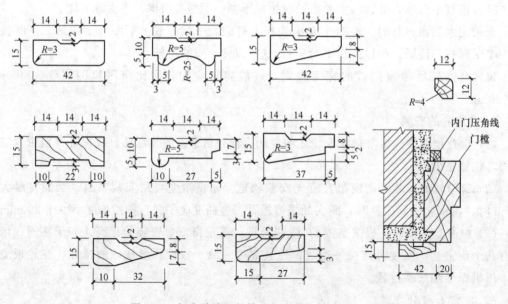

图 12-5　窗樘筒子板

筒子板设置在室内门窗洞口处，也称为"堵头板"，其面板一般用五层胶合板（也称五夹板）制作并采用镶钉方法。门头筒子板的构造如图 12-4 所示，窗樘筒子板的构造如图12-5所示。

木筒子板的安装，一般是根据设计要求在砖或混凝土墙体中埋入经过防腐处理的木砖，间距一般为 500mm。采用木筒子板的门窗洞口应比门窗樘宽 400mm，洞口比门窗樘高出 25mm，以便于安装筒子板。

（五）贴脸板的安装

贴脸板也称为门头线与窗头线，是装饰门窗洞口的一种木制装饰品。门窗贴脸板的式样很多，尺寸各异，应按照设计施工。常用的构造和安装形式如图 12-6 所示。

图 12-6　门窗贴脸板的构造与安装（单位：mm）

第二节　工程量计算规则

一、定额项目划分

其他装饰工程定额项目包括柜、台、架，暖气罩，浴厕配件，压条、装饰线，旗杆，灯箱、招牌，美术字及成品保护等八部分内容，如图 12-7 所示。

柜、台、架(主要包括柜台、酒吧台、酒吧吊柜、酒吧背柜、壁柜、衣柜、书柜、酒
　　　　柜、厨房矮柜、吊橱、壁橱、货架、收银台、展台、试衣间、展衣架、选衣架、博古架、服务台等)

暖气罩
　　龙骨（包括木、铝合金、型钢等）
　　木质基层板
　　面层（包括榉木板、塑料板、铝塑板等）
　　散热花饰网片（包括木制、阻燃 PVC 百叶等）

浴厕配件（包括大理石洗漱台、盥洗室台镜安装、盥洗室镜箱、毛巾杆、毛巾环、浴
　　　　巾架、浴帘杆、不锈钢浴缸拉手、不锈钢扶手杆、手纸盒、肥皂盒、晒衣
　　　　架、晾衣绳等）

压条、装饰线（包括木角线、平面装饰线、半圆实木线、铝合金线条、石膏线条、玻
　　　　璃镜面线条、塑料线条、石材线条、瓷砖线条、石材倒角切割抛光、
　　　　墙面上打眼下木楔等）

旗杆

灯箱、招牌
　　骨架（包括木、钢等）
　　基层板（包括薄松板、胶合板等）
　　面层（包括镀锌薄钢板、玻璃钢瓦、铝扣板、塑料扣板、有机玻璃、透
　　　　光彩灯箱布、不锈钢、铝塑板、磨砂玻璃、彩色镜片、防火板、
　　　　水曲柳板等）

美术字（包括塑料泡沫有机玻璃字、金属字、木质字、石材字、PVC 字等）、成品保护

图 12-7　其他装饰工程项目内容

二、说明

定额中注明的规格、尺寸、材质如与设计要求不同时，可以换算，但人工、机械用量不变。定额中铁件、钢架已包括刷防锈漆一遍。

（一）柜、台、架

① 本定额柜、台、架以现场加工，手工制作为主。

② 定额中柜、台、架式样与设计基本相似者可分别套用相应定额；式样不同者，另行补充。

③ 柜、台、架定额中已包括各种五金配件（除设计另有要求者），不另计。

④ 柜、台、架定额中未考虑压板拼花及饰面板上贴其他材料的花饰、造型艺术品。

（二）暖气罩

① 暖气罩按明式编制，成品散热花饰网片另列项计算。

② 暖气罩封边线、装饰线均未包括，设计要求时，另按装饰线条相应定额计算。

（三）浴厕配件

① 浴厕配件装饰以成品安装为准，人工、机械用量已综合考虑。

② 大理石洗面台安装不包括石材磨边、倒角及台面开孔，发生时套相应子目或按实际情况计算。

（四）压条、装饰线

① 装饰线条均以成品安装为准，木装饰线条、压条如在现场制作时，每 100m 增加 2.5 个工日；木材按净断面增加刨光损耗 20%。

② 木装饰线条安装在木基层天棚上时，其人工乘以系数 1.34；安装在轻钢龙骨板面上时，具人工乘以系数 1.68；木装饰线条做图案者，人工乘以系数 1.8。

③ 装饰线条均不包括油漆、乳胶漆，发生时按相应项目另行计算。

（五）旗杆

旗杆按高 14.9m 编制，实际不同时，可换算定额中钢管、防锈漆和油漆溶剂油的用量，其余不变。

（六）灯箱、招牌

① 灯箱招牌龙骨架是按木结构和钢结构分别编制的。平面者为一般形，有凹凸造型者为复杂形。

② 灯箱招牌基层与龙骨架连接固定，不论采用何种方法均不作调整。

③ 招牌基层、面层有凹凸造型的，工料不予增减。

④ 沿雨篷、檐口或阳台走向竖立的招牌，可按招牌复杂形定额执行。

⑤ 灯箱招牌不包括突出箱外的灯饰和箱内的光源设备、店徽及其他艺术装饰。

（七）美术字

美术字安装均以成品安装为准。实际安装工艺与定额考虑的相同，而与材质不同时，可以换算。

（八）成品保护

成品保护，是施工过程中对装饰装修面所进行的保护。本定额是按成品保护所使用的材料考虑的，实际不同时，保护材料可以换算，人工不变。

三、计算规则

计算规则具体如下。

① 货架、柜橱类均以正立面的高（包括脚的高度在内）乘以宽，以平方米计算。

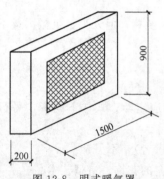

图 12-8 明式暖气罩

② 收银台、试衣间、衣架、模特展衣台等均以个计算，其他以延长米为单位计算。

③ 暖气罩按图示尺寸展开面积以平方米计算，扣除散热花饰网片所占面积，散热花饰网片以面积另行计算。

【例 12-1】 某装饰工程共做 15 个明式暖气罩，尺寸如图 12-8 所示，木结构龙骨，5mm 胶合板，榉木板面层，机制木花格散热片（规格为 900mm×600mm），计算工程量。

解 本例根据计算规则可列木龙骨、基层板、面层和木制花格散热片等四项。

a. 木龙骨工程量按图示尺寸以展开面积计算，即

木龙骨工程量＝(1.5×0.9＋0.2×0.9×2＋1.5×0.2－0.9×0.6【散热片】)×15

＝22.05（m²）

b. 5mm 厚胶合板基层工程量同木龙骨工程量计算，即

5mm 厚胶合板基层工程量＝22.05（m²）

c. 榉木板面层工程量同木龙骨工程量计算，即

榉木板面层工程量＝22.05（m²）

d. 木制花格散热片工程量按设计尺寸以面积计算，即

$$木制花格散热片工程量 = 0.9 \times 0.6 = 0.54 （m^2）$$

④ 浴厕配件

a. 大理石洗漱台按设计图示尺寸以展开面积计算，挡板、吊沿板面积并入其中，不扣除孔洞、挖弯、削角所占面积。

b. 镜面玻璃安装、盥洗室木镜箱按边框外围面积以平方米计算。

c. 塑料镜箱、毛巾环、肥皂盒、金属、帘子杆、浴缸拉手、毛巾杆安装以只或副计算。

【例 12-2】 某酒店共有客房卫生间 40 个，每间均设置一个浴缸拉手、毛巾杆、塑料镜箱，试计算工程量。

解 根据工程量计算规则，可列浴缸拉手、毛巾杆、塑料镜箱等 3 个项目。

浴缸拉手按套计算，即 $1 \times 40 = 40$ （个）

毛巾杆按套计算，即 $1 \times 40 = 40$ （个）

塑料镜箱按个计算，即 $1 \times 40 = 40$ （个）

⑤ 压条、装饰线条均按延长米计算。

⑥ 招牌、灯箱

a. 平面招牌龙骨按正立面面积计算，复杂的凹凸造型部分亦不增减。

b. 沿雨篷、檐口或阳台走向的立式招牌基层，按平面招牌复杂型执行时，应按展开面积计算。

c. 灯箱的基层、面层按展开面积以平方米计算。

d. 钢结构灯箱招牌龙骨架，按图示尺寸以吨计算。

⑦ 美术字安装按字的最大外围矩形面积以个计算。

【例 12-3】 某工程檐口上方设招牌，长 16m，高 1.2m，木结构龙骨，18mm 木基层板，铝塑板面层，上嵌 6 个 1000mm×1000mm 泡沫塑料有机玻璃面大字，计算工程量。

解 a. 龙骨工程量 = 设计净长度×设计净宽度，即

龙骨工程量 = $16 \times 1.2 = 19.2$ （m²）

b. 泡沫塑料字工程量 = 设计图示数量，即

泡沫塑料字工程量 = 6 （个）

c. 有机玻璃字工程量 = 设计图示数量，即

有机玻璃字工程量 = 6 （个）

⑧ 成品保护

a. 楼梯、台阶，按设计图示尺寸的水平投影面积以平方米计算。

b. 栏杆、扶手，按设计图示尺寸的中心线长度以延长米计算。

c. 其他成品保护，按被保护面层的面积以平方米计算。

第三节 工 程 实 训

一、说明
本章中涉及的项目有装饰线条、石膏角线等。
二、编制方法
（一）分析
先以门套为例重点介绍编制方法，查《装饰定额》B6-88 木线条子目，列"门套贴脸，

装饰线条"项目，如表 12.1 所示。

表 12.1 B6-88 平面装饰木线条子目

工作内容：定位、弹线、下料、刷胶、安装、固定、修整。   单位：100m

定 额 编 号		B6-85	B6-86	B6-87	B6-88
项目		木线条			
		平面装饰线（宽度在 mm 以内）			
		60	80	100	150
名　　称	单位	数量			
人工　综合工日	工日	2.98	2.98	3.34	3.34
材料　红榉木平面装饰线条 60mm×15mm	m	115.00			
红榉木平面装饰线条 80mm×20mm	m		115.0		
红榉木平面装饰线条 100mm×20mm	m			115.0	
红榉木平面装饰线条 150mm×20mm	m				115.00
白乳胶（聚醋酸乙烯乳液）	kg	1.75	2.16	2.60	2.60
气钉子 30mm 2000 个/盒	盒	0.37	0.37	0.37	0.37
机械　电动空气压缩机 0.3m³/min	台班	0.62	0.62	0.62	0.62

另外，其他项目工程实训中包括：门窗贴脸木线条项目、壁纸周围木线条项目、腰线 80mm 木线条项目、80mm 石膏角线项目及 100mm 石膏角线等项目。

因此，可列项目 5 个。

（二）工程量计算

1. 宽度 80mm 以内木平面装饰线（门窗贴脸）

$L=(0.9+2.1\times2)\times2$【门】$+(1.2+2.1\times2)$【窗】$=10.2+5.4=15.6$（m）

2. 宽度 50mm 以内木平面装饰线（壁纸周围）

$L=[(0.5\times2+0.49\times2)\times4+(0.25+1.545)\times8]$【A 立面】$+[(0.39\times2+0.925\times2+$

$0.33)\times2+(0.39\times2+0.925\times2+0.15+0.33)\times2+(0.25+1.545)\times8+0.25\times2]$

【B 立面】$+[(0.79\times2+0.715)\times4+(0.25+1.545)\times6]$【C 立面】$+[(0.815\times2+$

$0.74\times2)\times4+(0.25+1.545)\times8]$【D 立面】

$=22.28+27+19.95+26.8$

$=96.03$（m）

3. 80mm 腰线木线条白漆

$L=(4.46-0.02\times2-1.2-0.08\times2)+(4.16-0.02\times2)\times2+(4.46-0.02\times2-0.86-0.08\times2)$

$=14.7$（m）

4. 宽度 80mm 以内石膏角线

$L=(2.28+0.2+0.66+0.16+1.795+0.2+0.66+0.16)\times2=12.23$（m）

5. 宽度 120mm 以内石膏角线（100mm 石膏角线）

$L=(2.28+0.2+1.795+0.2)\times2+[(2.28+0.2+0.33\times2+0.08\times2+0.46\times2+0.2)+$

$(1.795+0.2+0.66+0.16+0.46\times2+0.2)]\times2$

$=25.66$（m）

【本章小结】

1. 店面招牌、灯箱可分为雨篷式招牌、灯箱、单独字面和悬挑招牌。雨篷式招牌的制作包括下料、边框组装和安装木方等工序。

　　2. 细木构件是指室内的木制窗帘盒、窗台板、筒子板、贴脸板、挂镜线、木楼梯、吊柜、壁柜、厨房台柜、室内线条和墙面木饰等一些木构件的制作与安装。

　　3. 其他工程定额项目包括柜、台、架，暖气罩，浴厕配件，压条、装饰线，旗杆，灯箱、招牌，美术字及成品保护等八部分内容。

【复习思考题】

　　1. 简述雨篷式招牌的安装做法。

　　2. 简述木窗帘盒、窗台板的制作与安装方法。

　　3. 简述筒子板、贴脸板的制作与安装方法。

　　4. 暖气罩工程量怎样计算？

　　5. 木招牌工程量怎样计算？

　　6. 试计算第十三章所给案例餐厅其他装饰工程量。

第三篇　案　例　篇

第十三章 装饰工程预算编制实例

第一节 编 制 依 据

一、设计施工图纸及相关资料

本工程为某别墅工程，建筑面积为1881.28m²，该工程共四层，工程内容及材料选用详见施工图（图13-1～图13-8）本章仅选用别墅一层餐厅和二号卧室室内装修工程为例计算。门窗列表见表13.1。

表 13.1 门窗表

编号	数量	规格(mm)(宽×高)	材料	备 注	
M-1	1	1310×2500	实木成品	餐厅	装饰线条宽120mm
M-2	1	1800×2500	实木成品	餐厅	装饰线条宽120mm
M-3	1	900×2100	实木成品	二号卧室	装饰线条宽80mm
C-04	3	1200×2100	塑钢窗	餐厅、二号卧室	装饰线条宽80mm

二、定额资料

定额资料为依据《山西省装饰装修工程消耗量定额》（2005年版）及其价目汇总表、配套的费用定额。

三、其他依据资料

① 计价方法为定额计价模式。

② 人工、材料、和机械台班价格，按2005年定额取定价，不计材差。

③ 施工技术措施之脚手架综合考虑按满堂脚手架计取。

④ 施工组织措施按费用定额规定计取。

⑤ 规费按费用定额规定的上限值计取。

⑥ 材料检验试验费按费用定额规定的0.20％计算。

⑦ 由于定额计价不必列出单价分析表，因此，定额计价的各项施工组织措施费可按下式计算：

施工组织措施费(元)＝计费基数×施工组织措施费率(％)×1.0014

其中，施工组织措施费率(％)×1.0014

＝施工组织措施费率(％)×20％＋施工组织措施费率(％)×70％×1.002＋施工组织措施费率(％)×10％

＝施工组织措施费率(％)×(20％＋70％×1.002＋10％)

＝施工组织措施费率(％)×1.0014

20％、70％、10％分别为2005年《山西省建设工程费用定额》规定的施工组织措施费中的人工费、材料费、机械使用费的比例。

第二节　实例编制

一、计算工程量

见表13.2。

二、计算直接费，列工程预算书

见表13.3。

三、进行工料分析

表略。

四、工程造价的计算

见表13.4、表13.5。

五、编写"编制说明"并装订成册

为便于使用，宜按以下顺序装订成册：封面、编制说明、工程造价计算表和有关技术经济指标、工程预算书、工程量汇总表、工料分析表等封底。签章后即可送审批。

表 13.2　一层餐厅和二号卧室装饰工程工程量计算书

序号	定额编号	分项工程名称	单位	工程数量	计算公式	备注
		一、楼地面工程				
1	B1-65	600mm×600mm瓷砖	m²	3.6	(3.4−0.2×2)×(1.6−0.2×2)	
2	B1-66	800mm×800mm瓷砖	m²	22.95	[2.07+0.88−0.15)×(2.73+0.3×2+0.8×2+0.2×2−0.15×2)−1.28×0.88]+[(3.88+0.3−0.15)×(4.13−0.15×2)−(1.6×3.4)]	
3	B1-29	大理石波打线	m²	5.55	[(0.88+2.07+3.88+0.3)×2+(2.73+0.3×2+0.3×2+0.2−0.15×2)]×0.15【150mm宽】+[1.6×2+(3.4−0.2×2)×2]×0.2【200mm宽】+(2.73+0.3×2)×0.3【300mm宽】	
4	A10-19	水泥砂浆找平层	m²	29.56	7.43×4.13−1.28×0.88	
5	B1-147	实木踢脚线120mm	m²	2.41	{(7.475−0.3−0.32【A立面】+4.18【B立面】+(7.475−0.3×2−0.12×2−1.31)【C立面】+(4.17−0.12×2−1.8)【D立面】+(0.3+0.1)×2×2【E.F立面】×0.12	
6	B1-145	复合木地板	m²	18.66	4.46×4.16+0.9×0.12	
7	A10-19	水泥砂浆找平层	m²	18.66	4.42×4.12+0.9×0.12	
8	B1-147	实木踢脚线120mm	m²	1.95	[4.46+4.16×2+(4.46−0.86−0.08×2)]×0.12	
		二、墙柱面工程				
9	B2-36	墙面抹灰	m²	82.72	(7.475×4.1−1.2×2.1×2)【A立面】+4.18×4.1)【B立面】+(7.475×4.1−1.31×2.5)【C立面】+(4.17×4.1−1.8×2.5)【D立面】	
10	B2-108	零星项目挂贴大理石	m²	0.34	0.12×0.2×4+0.3×0.2×4	
11	B2-521	全玻隔断	m²	6.59	0.7×[(0.08+0.3+2.125+0.12)×2+4.17]	
12	B2-36	墙面抹灰	m²	66.27	(4.46×4.10−1.20×2.10)【A立面】+(4.16×4.10)【B立面】+(4.46×4.10−0.9×2.10)【C立面】+(4.16×4.10)【D立面】	

一层餐厅（序号1~4、9~11）　二号卧室（序号5~8、12）

续表

序号	定额编号		分项工程名称	单位	工程数量	计算公式	备注
13	B2-108	二号卧室	零星项目挂贴大理石	m^2	0.37	0.8×2×0.20+0.12×2×0.2	
			三、天棚工程				
14	B3-47	一层餐厅	不上人型U形轻钢龙骨天棚，300×300	m^2	26.01	3.88×3.95+2.95×3.95−0.88×(1.28−0.18)	
15	B3-96	一层餐厅	纸面石膏板安装在轻钢龙骨上(平面型)	m^2	26.01	3.88×3.95+2.95×3.95−0.88×(1.28−0.18)	
16	B3-55	一层餐厅	轻钢龙骨造型线条(直线型)	m	66.94	17.62+28.66+(2.98×2+3.05×2+2.15×4)	
17	B3-47	二号卧室	不上人型装配式U形轻钢龙骨天棚，300×300	m^2	17.73	4.46×(4.16−0.185)【见吊顶尺寸图9-12】	
18	B3-96	二号卧室	纸面石膏板安装在轻钢龙骨上(平面型)	m^2	17.73	同上	
19	B3-55	二号卧室	轻钢龙骨造型线条(直线型)	m	21.17	[(2.28+0.1×2+0.33×2+0.08×2)+(1.795+0.1×2+0.33×2+0.08×2)]×2+(2.28+0.2+1.795+0.2)×2	
			四、门窗工程				
20	B4-359		塑钢窗安装	m^2	5.04	1.2×2.1×2	
21	B4-200		成品装饰门扇安装	扇	2		
22	B4-412		执手锁	个	2		
23	B4-389	一层餐厅	窗套，5mm胶合板基层(有门框不带止口)(筒子板)	m^2	2.0	(1.2+2.1×2)×0.37/2×2	
24	B4-390	一层餐厅	窗套，贴柚木饰面板面层	m^2	2.0	同上	
25	B4-383	一层餐厅	门套，5mm胶合板基层(有门框带止口)(筒子板)	m^2	3.15	[(1.8+2.5×2)+(1.31+2.5×2)]×0.24	
26	B4-387	一层餐厅	门套，贴柚木饰面板面层	m^2	3.15		
27	B4-393	一层餐厅	胶合板18mm窗帘盒(不带轨)	m	5.81	(4.18−0.44)+(2.95−0.88)	

续表

序号	定额编号		分项工程名称	单位	工程数量	计算公式	备注
28	B4-404	一层餐厅	铝合金窗帘轨安装（双轨）	m	5.81		
29	B4-402		窗台板	m²	0.34	1.44×(0.37÷2+0.05)	
30	B4-359		塑钢窗安装	m²	2.52	1.2×2.1×1	
31	B4-200		成品装饰门安装	樘	1		
32	B4-412		执手锁	个	1		
33	B4-383		门套、5mm胶合板基层（有门框贴止口）(筒子板)	m²	1.22	(0.9+2.1×2)×0.24	
34	B4-387		门套、贴柚木饰面板面层	m²	1.22	同上	
35	B4-384	二号卧室	窗套、5mm胶合板基层（有门框木带止口）(筒子板)	m²	1.00	(1.2+2.1×2)×0.37÷2	
36	B4-390		窗套、贴柚木饰面板面层	m²	1.00		
37	B4-393		胶合板18mm窗帘盒（不带轨）	m	4.46		
38	B4-404		铝合金窗帘轨安装（双轨）	m	4.46		
39	B4-402		窗台板	m²	0.35	1.505×(0.37/2+0.05)	
		五、油漆涂料裱糊工程					
40	B5-223	一层餐厅	内墙、柱面白漆	m²	77.53	(7.475×4.1−4.33+1.2×2.1×2)【A立面】+(4.18×4.1)【B立面】+(7.475×4.1−8.33−1.31×2.5)【C立面】+(4.17×4.1−2.61−1.8×2.5)【D立面】	
41	B5-275		水泥墙面贴普通壁纸	m²	15.27	(0.3+1.695)×(0.58+0.32+0.79+0.48)【A立面】+(0.3+1.695)×(0.81+0.735+0.81+0.91×2)【C立面】+(0.3+1.695)×(0.98+0.33)【D立面】	
42	B5-226		石膏线 白漆（宽度100mm以内）	m²	47.72	18.26+29.46	
43	B5-222		天棚白漆	m²	26.01	见天棚工程计算部分	
44	B5-99		踢脚线白漆	m²	2.00	2.41×0.83	
45	B5-100		木线条白漆（宽80mm腰线）	m²	11.33	见其他工程计算部分	

续表

序号	定额编号		分项工程名称	单位	工程数量	计算公式	备注
46	B5-100	一层餐厅	宽度在50mm以内木线条白漆（壁纸周围）	m²	74.51	见其他工程计算部分	
47	B5-100		宽度150mm以内木平面装饰线（门窗贴脸板）	m	38.3	[(1.8+2.62×2)+(1.31+2.62×2)]×2【门】+(1.2+2.18×2)×2【窗】	
48	B5-97		单层木门白漆	m²	5.22	(1.31×2.15+1.8×2.15)×0.78	
49	B5-99		门、窗套白漆	m²	3.69	(1.0×2+1.22×2)×0.83	
50	B5-223		墙、柱面白漆	m²	24.53	(4.46×2.77-3.55-1.2×2.1)【A立面】+(4.16×2.77-5.55)【B立面】+(4.46×2.77-4.12-0.9×2.1)【C立面】+(4.16×2.77-5.58)【D立面】	
51	B5-275		水泥墙面贴普通壁纸	m²	18.8	(0.25×1.545)×(0.5×2+0.49×2)【A立面】+[0.25×(0.39×2+0.925×2+0.33)+1.545×(0.39×2+0.925×2+0.15+0.33)]【B立面】+(0.25+1.545)×(0.79×2+0.715)【C立面】+(0.25+1.545)×(0.815×2+0.74)【D立面】	
52	B5-100	二号卧室	宽度在50mm以内木线条白漆（壁纸周围）	m	96.03	[(0.5×2+0.49×2)×4+(0.25+1.545)×8]【A立面】+[(0.39×2+0.925×2+0.33)×2+(0.39×2+0.925×2+0.15+0.33)]【B立面】+[(0.79×2+0.715)×4+(0.25+1.545)×6]【C立面】+[(0.815×2+0.74×2)×4+(0.25+1.545)×8]【D立面】	
53	B5-100		木线条白漆（宽度80mm腰线）	m	14.7	(4.46-0.02×2-1.2-0.08×2)×2+(4.46-0.02×2)×2+(4.16-0.02×2-0.86-0.08×2)	
54	B5-99		踢脚线白漆	m²	1.62	1.95×0.83	
55	B5-222		天棚乳胶漆	m²	17.73	见天棚工程计算部分	
56	B5-226		石膏线白漆（宽度100mm以内）	m	37.89	12.23+25.66	
57	B5-97		实木门白漆	m²	1.47	0.9×2.18×0.78	

续表

序号	定额编号	分项工程名称	部位	单位	工程数量	计算公式	备注
58	B5-99	门、窗套白漆	二号卧室	m²	1.84	(1.00+1.22)×0.83	
59	B5-100	宽度150mm以内木平面装饰线（门窗贴脸板）		m	15.6	(0.9+2.1×2)×2【门】+(1.2+2.1×2)【窗】	
60	B5-99	窗台板白漆		m²	0.29	1.505×(0.37÷2+0.05)×0.83	
		六、其他工程					
61	B6-84	宽度50mm以内木平面装饰线（壁纸周围）	一层餐厅	m	74.51	[(0.58+0.32+0.79+0.48)×4+(1.695+0.3)×8]【A立面】+[(0.91×2+0.81×2+0.735)×4+(1.695+0.3)×10]【C立面】+[(0.33+0.98)×4+(1.695+0.3)×4]【D立面】	
62	B6-86	宽度80mm以内木平面装饰线		m	11.33	(1.455+0.055+1.705+0.735)【A立面】+(0.065+2.27+2.955)【C立面】+(0.18+1.91)【D立面】	
63		宽度150mm以内木平面装饰线（门窗贴脸板）		m	38.3	[(1.8+2.62×2)+(1.31+2.62×2)]×2【门】+(1.2+2.18×2)×2【窗】	
64	B6-104	宽度80mm石膏角线		m	18.26	(2.68+2.75)×2+(1.85×2)×2	
65	B6-105	宽度100mm石膏角线		m	29.46	(3.88+3.95)×2+(3.95+2.95)×2	
66	B6-84	宽度50mm以内木平面装饰线（壁纸周围）	二号卧室	m	96.03	[(0.5×2+0.49×2)×4+(0.25+1.545)×8]【A立面】+[(0.39×2+0.925×2+0.33)×2+(0.39×2+0.925×2+0.15+0.33)×2+(0.25+1.545)×8+(0.25+1.545)×2]【B立面】+[(0.79×2+0.715)×4+(0.25+1.545)×6]【C立面】+[(0.815×2+0.74×2)×4+(0.25+1.545)×8]【D立面】	
67	B6-86	宽度150mm以内木平面装饰线（门窗贴脸）		m	15.6	(0.9+2.1×2)×2【门】+(1.2+2.1×2)【窗】	
68	B6-104	宽度80mm石膏角线		m	12.23	(2.28+0.2+0.66+0.16+1.795+0.2+0.66+0.16)×2	
69	B6-105	宽度100mm石膏角线		m	25.66	(2.28+0.2+1.795+0.2)×2+[(2.28+0.2+0.33×2+0.08×2+0.46×2+0.2)+(1.795+0.2+0.66+0.16+0.46×2+0.2)]×2	
70	A13-22	满堂脚手架（一层餐厅、二号卧室）		m²	48.74	[7.475×4.18-(0.94+0.2)×(0.88+0.02)]【一层餐厅】+4.46×4.16【二号卧室】	

表 13.3　装饰工程预算书
（含材料检验费）

工程名称：某别墅装饰装修预算分部分项与技术措施部分

序号	定额号	工程及费用名称	单位	数量	预（决）算价值/元		总价分析					
							人工费/元		材料费/元		机械费/元	
					单价	总价	单价	总价	单价	总价	单价	总价
		一、分部分项	项			21308.48		4626.83		16540.49		141.16
		（一）一层餐厅	项			10367.72		2645.68		10349.29		72.72
		1. 楼地面工程				3468.15		425.36		3037.44		5.34
1	B1-65	瓷砖楼地面（瓷砖 600mm×600mm 以下）	100m²	0.036	5164.36	185.92	1164.3	41.91	4000.06	144		
2	B1-66	瓷砖楼地面（瓷砖 1000mm×1000mm 以下）	100m²	0.23	9785.14	2250.58	1085.1	249.57	8700.04	2001		
3	A10-19	水泥砂浆找平层，在混凝土或硬基层上，厚度 20mm，水泥砂浆,1∶3(325#水泥)	100m²	0.296	587.54	173.91	235.5	69.71	334	98.87	18.04	5.34
4	B1-29	大理石波打线、水泥砂浆贴贴	100m²	0.056	14252.3	798.13	863.1	48.33	13389.2	749.8		
5	B1-147	实木踢脚线	100m²	0.024	2483.89	59.62	660	15.84	1823.89	43.78		
		2. 墙柱面工程				1183.87		391.96		774.57		17.34
6	B2-36	混合砂浆抹砖墙面,14mm+6mm	100m²	0.827	695.69	575.34	434.5	359.33	240.49	198.89	20.7	17.12
7	B2-108	零星项目挂贴大理石，灌缝砂浆厚度 50mm	100m²	0.003	17843.31	53.53	2467.8	7.4	15302.56	45.91	72.95	0.22
8	B2-521	全玻隔断 12mm 以内玻璃安装	100m²	0.066	8409.03	555	382.2	25.23	8026.83	529.77		
		3. 天棚工程				2855.94		334.5		2521.43		
9	B3-47	不上人型装配式 U 形轻钢骨天棚,300mm×300mm	100m²	0.26	4547.44	1182.34	600.9	156.23	3946.54	1026.1		
10	B3-96	纸面石膏板安装在轻钢龙骨上（平面型）	100m²	0.26	1481.92	385.3	268.8	69.89	1213.12	315.41		
11	B3-55	轻钢龙骨直首造型线条	100m	0.669	1925.71	1288.31	162	108.38	1763.71	1179.93		
		4. 门窗工程				1704.52		257.84		1435.08		11.6
12	B4-359	不带亮塑钢窗安装	100m²	0.05	20509.98	1025.5	750	37.5	19697.08	984.86	62.9	11.6
13	B4-200	成品装饰门扇安装	扇	2	43.07	86.14	18	36	25.07	50.14		3.15

序号	定额号	工程及费用名称	单位	数量	预(决)算价值/元 单价	预(决)算价值/元 总价	总价分析 人工费/元 单价	人工费/元 总价	材料费/元 单价	材料费/元 总价	机械费/元 单价	机械费/元 总价
14	B4-412	执手锁	10个	2	50.1	100.2	50.1	100.2				
15	B4-389	窗套,5mm胶合板安装在木龙骨上	10m²	0.2	148.12	29.62	33	6.6	107.46	21.49	7.66	1.53
16	B4-390	窗套,贴柚木饰面板面层	10m²	0.2	284.42	56.89	33	6.6	243.21	48.64	8.21	1.64
17	B4-383	门套,5mm胶合板基层(有门框带止口)	10m²	0.315	253.54	79.86	37.5	11.81	208.38	65.64	7.66	2.41
18	B4-387	门套,贴柚木饰面板面层	10m²	0.315	285.4	89.9	36	11.34	241.19	75.97	8.21	2.59
19	B4-393	胶合板18mm窗帘盒(不带轨)	10m	0.581	247.63	143.88	61.2	35.56	186.43	108.32		
20	B4-404	铝合金窗轨安装(双轨)	100m	0.058	1500.1	87	189.9	11.01	1310.2	75.99		
21	B4-402	窗台板·红榉饰面板面层	10m²	0.034	162.86	5.54	36	1.22	118.65	4.04	8.21	0.28
		5.油漆、涂料、裱糊工程				1983.79		1064.77		919.02		
22	B5-223	内墙、柱面刷白漆两遍	100m²	0.775	570.22	441.93	360	279	210.22	162.93		
23	B5-275	水泥墙面贴普通壁纸	100m²	0.153	1883.75	288.22	786	120.26	1097.75	167.96		
24	B5-226	石膏线刷白漆(宽度100mm以内)	100m	0.477	206.87	98.68	120	57.24	86.87	41.44		
25	B5-222	天棚刷白漆两遍	100m²	0.26	598.1	155.51	387	100.62	211.1	54.89		
26	B5-7	踢脚线刷白漆	100m²	0.02	2142.28	42.85	911.4	18.23	1230.88	24.62		
27	B5-100	木线条白漆(宽度80mm,腰线)	100m	0.113	552.36	62.41	315.3	35.63	237.06	26.78		
28	B5-100	木线条白漆(宽度50mm以内,壁纸周围)	100m	0.745	552.36	411.51	315.3	234.9	237.06	176.61		
29	B5-100	木线条白漆(宽度150mm以内·门窗贴脸板)	100m	0.383	552.36	211.55	315.3	120.76	237.06	90.79		
30	B5-97	单层木门刷白漆两遍	100m²	0.052	3689.97	191.87	1238.7	64.41	2451.27	127.46		
31	B5-99	门窗套白漆	100m²	0.037	2142.28	79.26	911.4	33.72	1230.88	45.54		
		6.其他工程				1871.45		171.25		1661.75		38.44
32	B6-84	宽度50mm以内木平面装饰线(壁纸周围)	100m	0.745	711.79	530.28	78.3	58.33	604.49	450.34	29	21.61
33	B6-86	宽度80mm以内木平面装饰线(腰线)	100m	0.113	1783.81	201.57	89.4	10.1	1660.48	187.63	33.93	3.83

续表

序号	定额号	工程及费用名称	单位	数量	预(决)算价值/元 单价	总价	人工费/元 单价	总价	材料费/元 单价	总价	机械费/元 单价	总价
34	B6-88	宽度150mm以内木平面装饰线(门窗贴脸板)	100m	0.383	2591.74	992.64	100.2	38.38	2457.61	941.26	33.93	13
35	B6-104	宽度80mm以内石膏角线	100m	0.183	256.59	46.96	120	21.96	136.59	25		
36	B6-105	宽度120mm以内石膏角线	100m	0.295	338.98	99.99	144	42.48	194.98	57.51		
		(二)三号卧室				8240.76		1981.15		6191.2		68.44
		1. 楼地面工程				1567.29		206.86		1357.06		3.37
37	B1-145	复合木地板铺地面上	100m²	0.187	7528.03	1407.74	800.1	149.62	6727.93	1258.12		
38	A10-19	水泥砂浆找平层，在混凝土或硬基层上，厚度20mm，水泥砂浆.1:3(325#水泥)	100m²	0.187	587.54	109.86	235.5	44.04	334	62.45	18.04	3.37
39	B1-147	实木踢脚线	100m²	0.02	2483.89	49.68	660	13.2	1823.89	36.48		
		2. 墙柱面工程				532.61		297.94		220.66		14.01
40	B2-36	混合砂浆抹砖墙面，14mm+6mm	100m²	0.663	695.69	461.24	434.5	288.07	240.49	159.45	20.7	13.72
41	B2-108	零星项目挂贴大理石，灌缝砂浆厚度50mm	100m²	0.004	17843.31	71.37	2467.8	9.87	15302.56	61.21	72.95	0.29
		3. 天棚工程				1475.44		188.28		1287.16		
42	B3-47	不上人型装配式U形轻钢龙骨天棚，300mm×300mm	100m²	0.177	4547.44	804.89	600.9	106.36	3946.54	698.53		
43	B3-96	纸面石膏板安装在轻钢龙骨上(平面型)	100m²	0.177	1481.92	262.3	268.8	47.58	1213.12	214.72		
44	B3-55	轻钢龙骨直型造型线条	100m	0.212	1925.71	408.25	162	34.34	1763.71	373.91		
		4. 门窗工程				1504.21		215.83		1283		5.4
45	B4-359	不带亮塑钢窗安装	100 m²	0.025	20509.98	516.85	750	18.9	19697.08	496.37	62.9	1.59
46	B4-200	成品装饰门扇安装	扇	1	43.07	43.07	18	18	25.07	25.07		
47	B4-412	执手锁	10个	1	50.1	50.1	50.1	50.1				
48	B4-383	门套.5mm胶合板基层(有门框带止口)	10m²	0.122	253.54	30.93	37.5	4.58	208.38	25.42	7.66	0.93
49	B4-387	门套·贴袖木饰面层	10m²	0.122	285.4	34.82	36	4.39	241.19	29.43	8.21	1
50	B4-389	窗套·5mm胶合板安装在木龙骨上	10m²	0.1	148.12	14.81	33	3.3	107.46	10.75	7.66	0.77
51	B4-390	窗套·贴袖木饰面板面层	10m²	0.1	284.42	28.44	33	3.3	243.21	24.32	8.21	0.82

序号	定额号	工程及费用名称	单位	数量	预(决)算价值/元		总价分析						
					单价	总价	人工费/元		材料费/元		机械费/元	
							单价	总价	单价	总价	单价	总价
52	B4-393	胶合板18mm窗帘盒(不带轨)	10m	0.446	247.63	110.45	61.2	27.3	186.43	83.15		
53	B4-404	铝合金窗帘轨安装(双轨)	100m	0.446	1500.1	669.05	189.9	84.7	1310.2	584.35		
54	B4-402	窗台板、红榉饰面板面层	10m²	0.035	162.86	5.7	36	1.26	118.65	4.15	8.21	0.29
		5. 油漆、涂料、裱糊工程				1510.37		800.48		709.91		
55	B5-222	天棚刷白漆两遍	100m²	0.177	598.1	105.86	387	68.5	211.1	37.36		
56	B5-223	内墙、柱面刷白漆两遍	100m²	0.245	570.22	139.7	360	88.2	210.22	51.5		
57	B5-275	水泥墙面贴普通壁纸	100m²	0.188	1883.75	354.14	786	147.77	1097.75	206.38		
58	B5-7	踢脚线刷白漆	100m²	0.016	2142.28	34.28	911.4	14.58	1230.88	19.69		
59	B5-100	木线条白漆(宽度80mm,腰线)	100m	0.147	552.36	81.2	315.3	46.35	237.06	34.85		
60	B5-100	木线条白漆(宽度50mm以内,壁纸周围)	100m	0.96	552.36	530.26	315.3	302.69	237.06	227.58		
61	B5-100	木线条白漆(宽度80mm,门窗贴脸板)	100m	0.156	552.36	86.16	315.3	49.19	237.06	36.98		
62	B5-226	石膏线刷白漆	100m	0.379	206.87	78.41	120	45.48	86.87	32.93		
63	B5-97	单层木门刷白漆两遍	100m²	0.015	3689.97	55.35	1238.7	18.58	2451.27	36.77		
64	B5-99	门窗套白漆	100m²	0.018	2142.28	38.56	911.4	16.41	1230.88	22.15		
65	B5-99	窗台板白漆	100m²	0.003	2142.28	6.43	911.4	2.73	1230.88	3.7		
		6. 其他工程				1650.84		271.76		1333.41		45.66
66	B6-84	宽度50mm以内木平面装饰线(壁纸周围)	100m	0.96	711.79	683.32	78.3	75.17	604.49	580.31	29	27.84
67	B6-86	宽度80mm以内木平面装饰线(门窗贴脸板)	100m	0.156	1783.81	278.28	89.4	13.95	1660.48	259.04	33.93	5.29
68	B6-86	宽度80mm以内木平面装饰线(腰线)	100m	0.147	1783.81	262.22	89.4	13.14	1660.48	244.09	33.93	4.99
69	B6-104	宽度80mm以内石膏角线	100m	0.122	256.59	31.3	120	14.64	136.59	16.66		
70	B6-105	宽度120mm以内石膏角线	100m	0.257	338.98	87.12	144	37.01	194.98	50.11		
		二、技术措施项目				308.61		117.85		183.21		7.54
71	A13-22	钢管满堂脚手架,基本层5.2m	100m²	0.488	632.39	308.61	241.5	117.85	375.43	183.21	15.46	7.54

表 13.4　施工组织措施费计算表

序号	费用名称	计算公式	费率/%	金额/元
1	直接工程费			21308.48
2	施工技术措施费			308.61
3	施工组织措施费合计	3.1~3.9		924.95
3.1	文明施工费	21308.48×0.5%×1.0014	0.5	106.69
3.2	安全施工费	21308.48×0.56%×1.0014	0.56	119.49
3.3	临时设施费	21308.48×1.32%×1.0014	1.32	282.67
3.4	二次搬运费	21308.48×0.29%×1.0014	0.29	61.88
3.5	夜间施工费	21308.48×0.17%×1.0014	0.17	36.28
3.6	冬雨季施工费	21308.48×0.32%×1.0014	0.32	68.28
3.7	定位复测、工程定点、场地清理费	21308.48×0.01%×1.0014	0.01	2.13
3.8	室内环境污染检测费	21308.48×0.54%×1.0014	0.54	115.23
3.9	生产工具用具使用费	21308.48×0.62%×1.0014	0.62	132.3

表 13.5　建筑装饰工程预算费用计算表

序号	工程或费用名称	计算公式或基数	费率/%	金额/元	备注
1	直接工程费	分部分项直接费		21308.48	
2	施工技术措施费	技术措施费		308.61	
3	施工组织措施费			924.95	
4	直接费小计	1+2+3		22542.04	
5	企业管理费	4×相应费率	7	1577.94	
6	规费	4×核准费率	8.59	1936.36	
7	间接费小计	5+6		3514.30	
8	利润	(4+7)×相应利润率	6.5	1693.66	
9	动态调整	材料价差或系数材差		0	按零计取
10	税金	(4+7+8+9+10)×相应税率	3.41	946.28	
11	工程造价	4+7+8+9+10+11		28696.28	

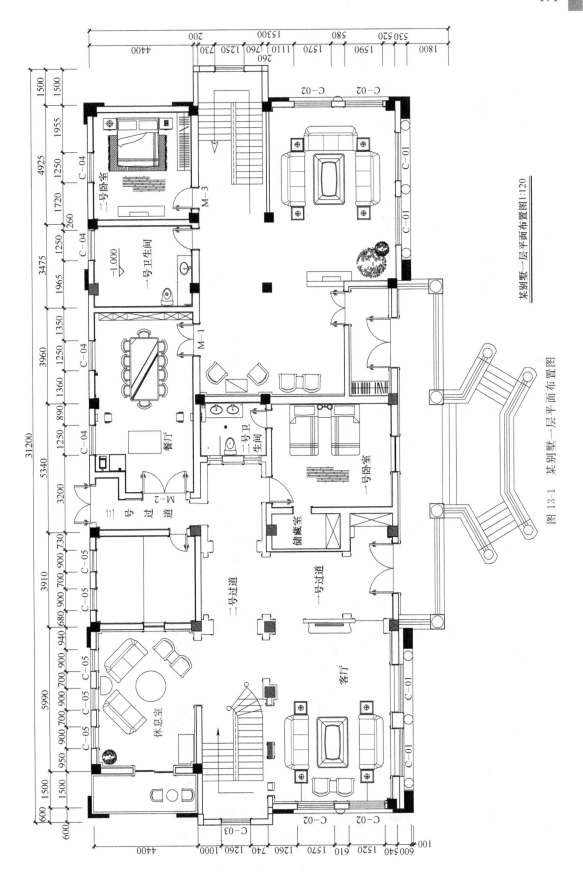

图 13-1 某别墅一层平面布置图

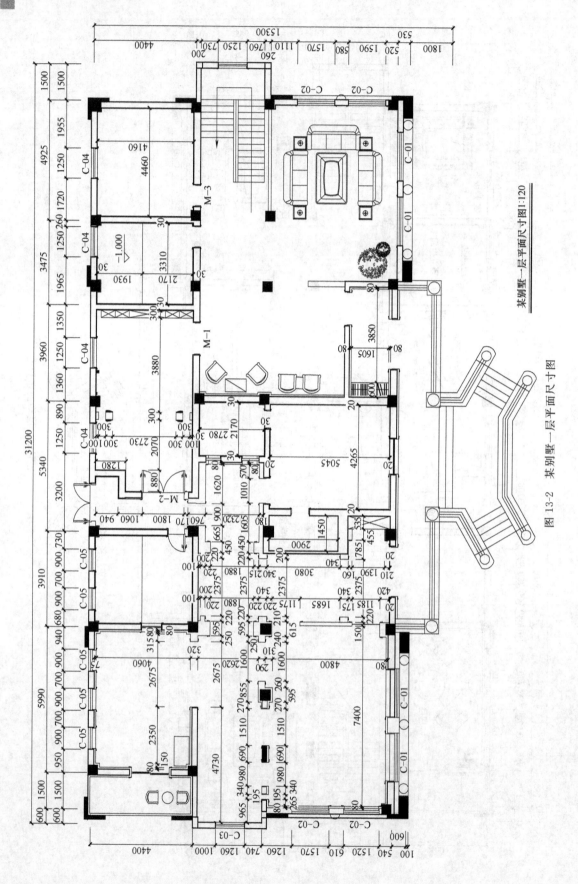

某别墅一层平面尺寸图1:120

图13-2 某别墅一层平面尺寸图

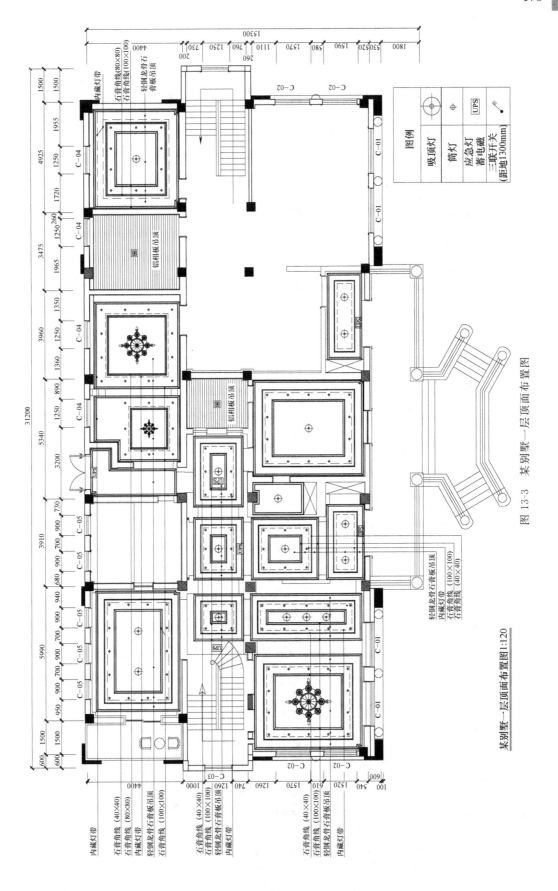

某别墅一层顶面布置图1:120

图13-3 某别墅一层顶面布置图

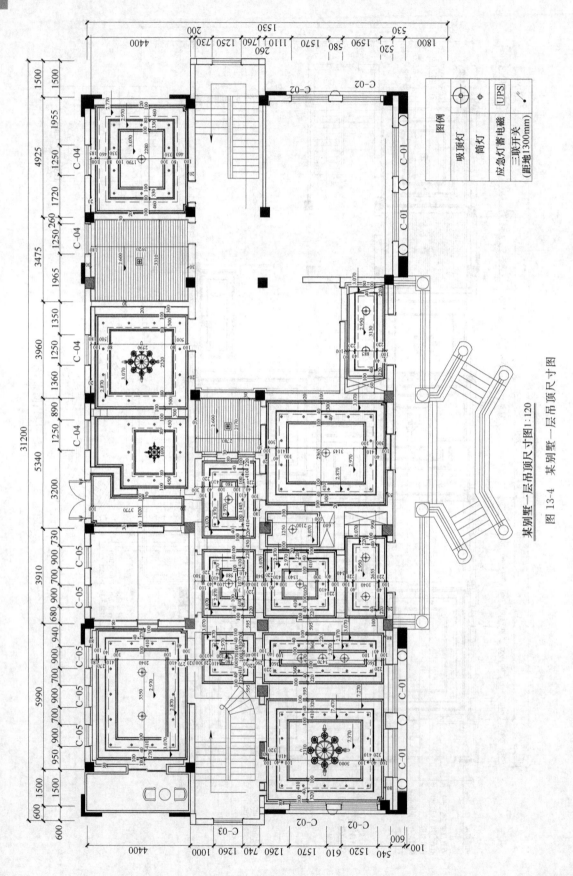

某别墅一层吊顶尺寸图 1:120

图 13-4　某别墅一层吊顶尺寸图

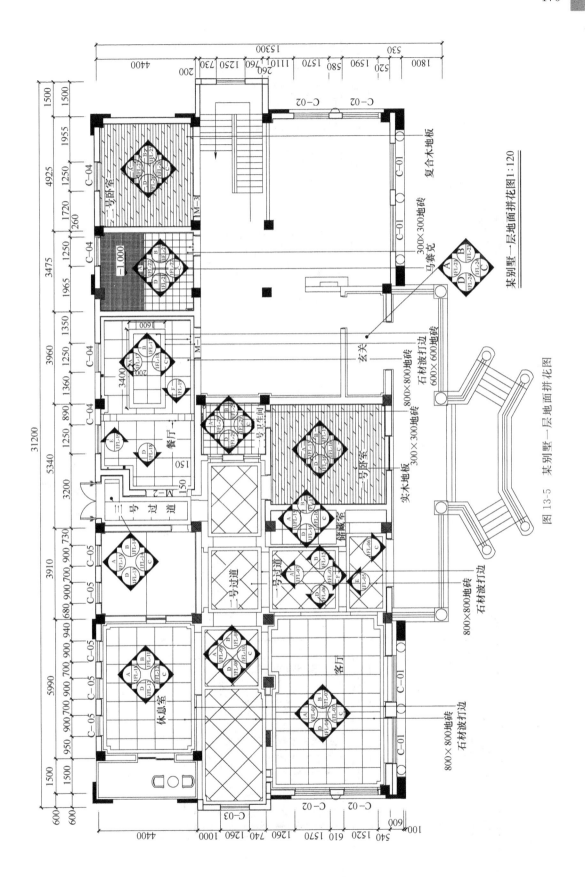

图 13-5 某别墅一层地面拼花图

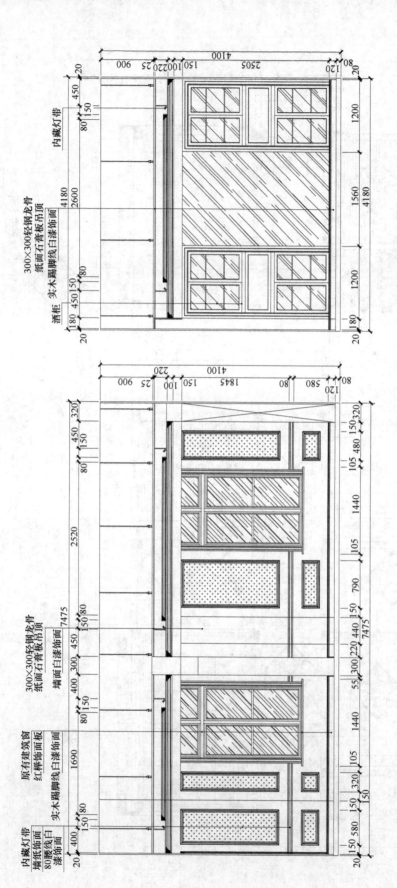

一层餐厅B立面图 1:40

一层餐厅A立面图 1:40

图13-6 某别墅一层餐厅A、B立面图

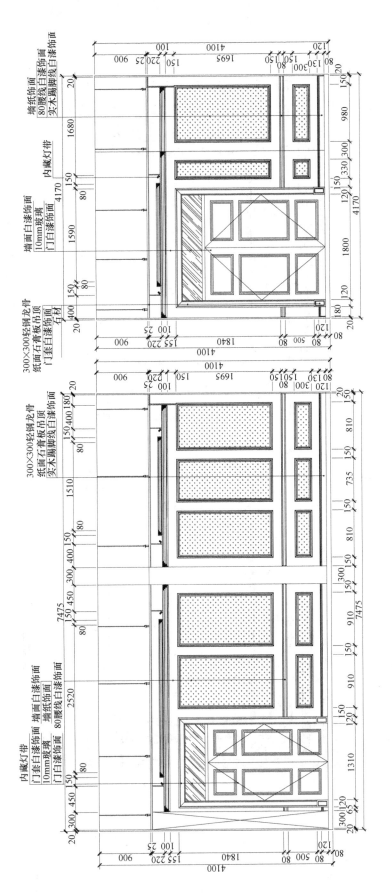

一层餐厅D立面图 1：40

一层餐厅C立面图 1：40

图13-7　某别墅一层餐厅C、D立面图

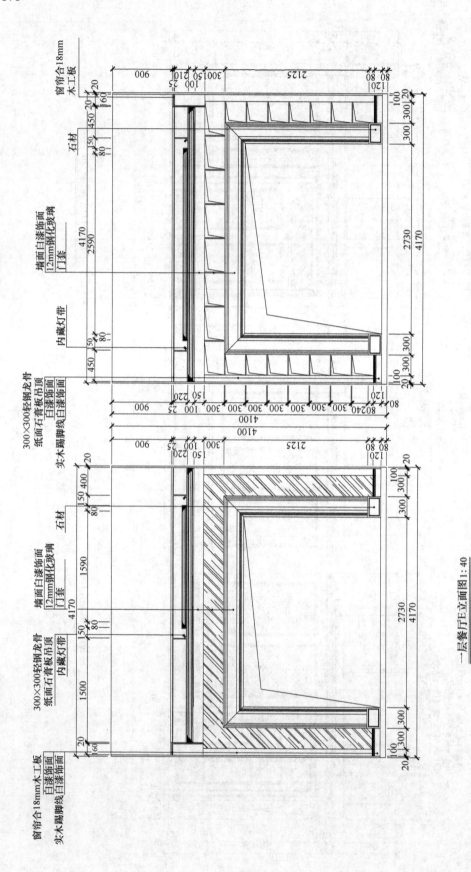

一层餐厅F立面图1:40

一层餐厅E立面图1:40

图 13-8 某别墅一层餐厅 E、F 立面图

参 考 文 献

[1] 肖伦斌主编. 建筑装饰工程计价. 武汉：武汉理工大学出版社，2004.

[2] 周英才主编. 装饰工程施工. 北京：高等教育出版社，2005.

[3] 顾建平主编. 建筑装饰施工技术. 天津：天津科学技术出版社，1998.

[4] 但霞主编. 建筑装饰工程预算. 北京：中国建筑工业出版社，2004.

[5] 田永复主编. 建筑装饰工程概预算. 北京：中国建筑工业出版社，2000.

[6] 武育秦，杨宾主编. 装饰工程定额与预算. 重庆：重庆大学出版社，2002.

[7] 李宏杨，时现著. 建筑装饰工程造价与审计. 北京：中国建材工业出版社，2000.

[8] 郭瑜主编. 全国建设工程造价员从业资格考试山西省培训教材. 太原：山西科学技术出版社，2008.

[9] 李继业，邱秀梅主编. 建筑装饰施工技术. 北京：化学工业出版社，2000.

[10] 全国工程造价工程师考试培训教材编写（审定）委员会. 工程造价计价与控制. 北京：中国计划出版社，2005.

[11] 沈祥华. 建筑工程概预算. 第2版. 武汉：武汉工业大学出版社，1999.

[12] 王朝霞. 建筑工程定额与计价. 北京：中国电力出版社，2004.

[13] 中华人民共和国国家发展计划委员会. 工程建设项目施工招标投标办法. 北京：中国建筑工业出版社，2002.

[14] 张毅主编. 工程建设计量规划. 第2版. 上海：同济大学出版社，2003.

[15] 沈杰，戴望炎，钱昆润编著. 建筑工程定额与预算. 第4版. 南京：东南大学出版社，1999.

[16] 李宏扬编著. 建筑工程预算（识图、工程量计算与定额应用）. 北京：中国建材工业出版社，1997.

[17] 张月明，赵乐宁，王明芳，张瑞萍主编. 工程量清单计价与示例. 北京：中国建筑工业出版社，2004.

[18] 张若美. 建筑装饰施工技术. 第2版. 武汉：武汉理工大学出版社，2006.

[19] 杨勇等. 建筑装饰工程施工. 合肥：安徽科学技术出版社，1996.

[20] 杨天佑. 建筑装饰施工技术. 北京：中国建筑工业出版社，2001.

[21] 许炳权. 装饰装修施工技术. 北京：中国建材工业出版社，2003.

[22] 李胜才等. 装饰构造. 南京：东南大学出版社，1997.

[23] 陆平，黄燕生. 建筑装饰材料. 北京：化学工业出版社，2006.

[24] 姚谨英. 建筑施工技术. 北京：中国建筑工业出版社，2004.

[25] 马有占. 建筑装饰施工技术. 北京：机械工业出版社，2004.

[26] 广东省建设工程造价管理总站. 建筑与装饰装修工程计价应用与案例. 北京：中国建筑工业出版社，2004.

[27] 冯美宇. 建筑与装饰构造. 北京：中国电力出版社，2006.

[28] 孙勇. 建筑装饰构造与识图. 北京：化学工业出版社，2007.

[29] 戴惠云. 建筑构造. 北京：中国建筑工业出版社，1999.

[30] 刘建荣. 建筑构造（下）. 北京：中国建筑工业出版社，2004.

[31] 万治华. 建筑装饰装修构造与施工技术. 北京：化学工业出版社，2006.

[32] 李宏扬. 建筑装饰装修工程量清单计价与投标报价. 北京：中国建材工业出版社，2003.

[33] 袁建新. 建筑装饰工程预算. 北京：科学出版社，2003.

[34] 李伟. 建筑与装饰工程施工工艺. 北京：中国建筑工业出版社，2001.

[35] 王萱，王旭光. 建筑装饰构造. 北京：化学工业出版社，2006.

[36] 赵子夫，唐利. 建筑装饰工程施工工艺. 沈阳：辽宁科学技术出版社，1998.

[37] 王朝熙. 装饰工程手册. 第2版. 北京：中国建筑工业出版社，1994.

[38] 张瑞红. 建筑装饰工程概预算. 北京：化学工业出版社，2007.

[39] 林晓东. 建筑装饰构造. 天津：天津科学技术出版社，1998.

[40] 陈卫华. 建筑装饰构造. 北京：中国建筑工业出版社，2000.

[41] 薛建. 建筑装饰工程手册. 徐州：中国矿业大学出版社，2001.

[42] 李宏. 建筑装饰设计. 北京：化学工业出版社，2005.